Susanne Schreiter

Hunde intuitiv verstehen

Mit Bauchgefühl und Herz energetische Blockaden erkennen und lösen

ISBN 978-3-8434-1450-0

Susanne Schreiter:
Hunde intuitiv verstehen
Mit Bauchgefühl und Herz
energetische Blockaden
erkennen und lösen

Umschlag: Elena Lebsack &
Simone Fleck, Schirner, unter
Verwendung von # 1373444501
(© Tereza Dvorakova), # 142451239
(© Zoom Team), # 138527972
(© faitotoro), # 120844666 (© Maria
Bell) und # 572361205 (© Brovko
Serhii), www.shutterstock.com
Layout: Simone Fleck, Schirner
Lektorat: Claudia Simon, Schirner
Printed by: Ren Medien GmbH,
Germany

www.schirner.com

1. Auflage September 2020

Schirner
Verlag

Für Lucy & Becca,
meine größten
Lehrmeisterinnen

Inhalt

Wie ich zur Energiearbeit mit Hunden kam

Vor einigen Jahren saß ich im Frühjahr mit meiner Hündin Lucy zusammen und überlegte, wie ich es in diesem Jahr am besten mit dem Zeckenschutz handhaben sollte. Ich ging in Gedanken die zahlreichen Möglichkeiten durch, die in diesem Bereich angeboten werden, war aber recht unschlüssig, welchen Weg ich einschlagen sollte. Irgendwann dachte ich: »Na Lucy, was meinst du denn dazu?« Kannst du dir vorstellen, wie überrascht ich war, als ich plötzlich in meinem Kopf den Satz »Ich brauche keine Zecken!« hörte? Und Lucy schaute mich dabei auch noch direkt an. Ich fragte sie: »Warst du das gerade, Lucy?« Und wieder kam ein klares »Ich brauche keine Zecken!« zurück.* Und damit war diese besondere Verbindung auch schon wieder abgebrochen. Auch wenn ich mir nicht ganz sicher war, was sie mir damit hatte sagen wollen, folgte ich meiner Intuition und entschied mich dafür, in diesem Jahr komplett auf einen Zeckenschutz zu verzichten. Und siehe da: Tatsächlich hatte sie nur ganz selten einmal einen dieser kleinen Parasiten in ihrem Fell.

Diese Erfahrung war für mich der Auslöser, zu überlegen, ob Energiearbeit, wie ich sie mit Menschen praktiziere, auch für Tiere hilfreich sein könnte. Ermutigt durch die Erfolge bei meinem eigenen Hund, habe ich im Folgenden zunächst mit

---

* *Auf diese etwas eigenartige Formulierung gehe ich im Kapitel »Schutz vor kleinen Plagegeistern« (S. 109) noch näher ein.*

Hunden, Katzen und Pferden von Bekannten gearbeitet und meine Methoden immer weiter verfeinert. Es hat mich immer wieder überrascht, wie direkt Tiere auf Energiearbeit reagieren. Sie nehmen dankbar alles an, von dem sie spüren, dass es ihnen guttut. Nach meinem ersten intuitiven, energetischen Kontakt zu einem Tier durch Lucy durfte ich im Laufe der Jahre erfahren, was in diesem Zusammenhang noch alles möglich ist, auch dank der Unterstützung meiner Hündin Becca, die mich immer wieder vor neue Herausforderungen stellt.

In diesem Buch möchte ich dich auf eine Reise zu den energetischen Ebenen deines Hundes und ebenfalls zu deinen eigenen mitnehmen. Ich zeige dir zahlreiche praxiserprobte und einfache Methoden, deinen Hund zu unterstützen, und du erfährst, wie du sie im Alltag anwenden kannst.

Hund und Mensch - ein energetisches Team

Eines vorneweg: Ich bin keine Tierärztin, Tierheilpraktikerin oder Hundetrainerin. Du bekommst von mir also weder medizinische Empfehlungen noch Tipps für das Hundetraining. Stattdessen möchte ich dir hier eine andere Herangehensweise vorstellen: die intuitive Energiearbeit.

Mithilfe deiner intuitiven Sinne, auf die ich noch genauer eingehen werde, stehen dir Informationen auf einer tieferen Ebene zur Verfügung. Durch diese Sinne bist du in der Lage, die Ursachen hinter dem Offensichtlichen zu erkennen. Ob du sie bei Menschen oder Hunden anwendest, ergibt gar keinen so großen Unterschied, und das Beste daran ist: Du kannst ganz einfach lernen, sie zu nutzen.
Durch das intuitive Wahrnehmen bekommst du also mehr Informationen an die Hand, die dir helfen, deinen Hund besser zu verstehen. Wenn du imstande bist, zu erkennen, welche Ursache ein bestimmtes Verhalten oder eine Erkrankung bei deinem Tier hat, ist es dir auch leichter möglich, etwas zum Positiven hin zu ändern. Denn ihr, du und dein Hund, seid energetisch gesehen ein Team, ihr beeinflusst euch gegenseitig. Da es aber häufig vorkommt, dass du selbst die Ursache für das Verhalten deines Hundes bist, beginnt mit der intuitiven

Energiearbeit auch eine sehr persönliche Reise zu dir selbst. Alles, was du bei dir änderst, wird auch eine Auswirkung auf deinen Fellfreund haben.

Wenn du also deinen Hund und auch dich selbst auf eine ganz neue Art und Weise kennenlernen willst, dann lade ich dich hiermit ein, mir weiter zu folgen. Du selbst kannst viel mehr für das Wohlbefinden deines Hundes und für eure harmonische Beziehung tun, als du es für möglich hältst. Zudem erhältst du Einblick in das Denken und das Fühlen deines Tieres und erkennst, wie viel sie mit dir persönlich zu tun haben.

Wie der Mensch auf den Hund kam

Wie kam diese ganz besondere Bindung zwischen Hund und Mensch eigentlich zustande? Wann genau die Kooperation von Wolf und Mensch begann, ist nicht bekannt. Vermutlich aber haben zunächst die Wölfe von den Menschen profitiert, indem sie in deren Nähe Nahrungsreste fanden. Später fingen sie an, mit ihnen zu kooperieren, indem sie die Menschen beim Jagen unterstützten. Diese Zusammenarbeit war deshalb so erfolgreich, weil Mensch und Wolf ein ähnliches Sozialverhalten aufweisen: Beide leben in Gruppen, in denen die Form der Kommunikation, der Aufgabenverteilung und der Fürsorge miteinander vergleichbar ist. Die Sozialisierung mit dem Menschen begann dann in dem Moment, als die ersten Wolfswelpen erstmals von Hand aufgezogen wurden. Im Laufe der Jahrtausende fand eine stetige Anpassung statt, und der wilde Wolf entwickelte sich durch immer weitere Selektion der erwünschten

Eigenschaften allmählich zum menschenbezogenen Hund. So entstanden mit der Zeit verschiedene spezialisierte Rassen für die unterschiedlichsten Anforderungen des Menschen, zum Beispiel zum Jagen, Hüten und Wachen.

Heute sucht der Hund die Nähe des Menschen, denn bei ihm findet er nicht nur Nahrung und Sicherheit, sondern eine tiefe Verbundenheit, die ein Leben lang bestehen bleibt. Das Zusammenleben mit dem Hund hat aber auch für den Menschen viele Vorteile. So erlangen Kinder, die mit Hunden aufwachsen, eine höhere Sozialkompetenz, und die Wahrscheinlichkeit, im Verlauf des Lebens Allergien zu entwickeln, reduziert sich bei ihnen erheblich. Der Körperkontakt mit Hunden hilft dabei, Stress zu reduzieren und den Blutdruck zu senken. Durch einen Hund hast du mehr Bewegung an der frischen Luft und fühlst dich viel weniger einsam. Nicht zu vergessen sind Assistenzhunde und Begleithunde von Behinderten, die Großartiges leisten. Schulhunde unterstützen das Lernen im Klassenzimmer, und auch im Seniorenheim bringen Hunde die Augen der Menschen zum Leuchten.

Was sind Energien?

Zunächst möchte ich dir an dieser Stelle einige Hintergrundinformationen geben, damit du die Methode, um die es im Folgenden gehen wird, besser verstehst.

Zu den verschiedensten Zeiten und in den unterschiedlichsten Kulturen wird von einer Energie oder einer Kraft berichtet, die alles, was existiert, durchdringt und miteinander verbindet. Sie wird als »Chi«, »Prana« oder auch als »universelle Energie« bezeichnet.
Kennst du das Gefühl, beobachtet zu werden? Du drehst dich ganz spontan um, und tatsächlich schaut gerade ein Mensch zu dir herüber. Oder du denkst an jemanden, und genau in diesem Moment klingelt das Telefon und derjenige ruft dich an … Da gibt es also wirklich eine Art von Verbindung, eine Energie, die du wahrnehmen kannst. Es handelt sich um das universelle Energiefeld, das auch als »Aura« oder »Lichtkörper« bezeichnet wird. Diese besondere, feinstoffliche Schwingung kannst du sowohl bei Menschen, Tieren, Pflanzen und Dingen als auch in Situationen, an Orten, bei Krankheiten, Konflikten und Problemstellungen aller Art wahrnehmen. Und genau diese Energie kannst du nutzen, um ein besseres Verständnis des Verhaltens der Hunde, ihrer Bedürfnisse und der Ursachen ihrer körperlichen Befindlichkeiten zu bekommen.

Die Eigenheiten deines Hundes zu verstehen, ist aber erst der Anfang, denn du bekommst auch ganz konkrete und praxiserprobte Methoden und Lösungsmöglichkeiten an die Hand, mit denen du selbst Verbesserungen hinsichtlich deines Hundes bewirken kannst. Allerdings solltest du auch bereit sein, einmal zu schauen, was dein ganz persönlicher Anteil an den

Problemen deines Hundes ist. Oft nämlich zeigt er mit seinem Verhalten lediglich das auf, was in deiner Gedanken- oder Gefühlswelt noch nicht ganz rund läuft.

Tiere als Spiegel - das Resonanzprinzip

Hast du schon einmal vom Prinzip der Anziehung gehört? Es ist eines der sieben hermetischen Prinzipien, ein universelles Lebensgesetz. Hierbei handelt es sich um Gesetzmäßigkeiten, die dir, ähnlich wie die physikalischen Gesetze in der Welt der Materie, erklären, wie die feinstoffliche, energetische Welt funktioniert.
Das Prinzip der Anziehung, auch »Resonanzgesetz« genannt, besagt Folgendes: Wie im Innen, so im Außen. Das bedeutet, dass Gleiches Gleiches anzieht und Ähnliches mit Ähnlichem in Resonanz geht. Auf dich und deinen Hund angewendet, heißt das, dass alles, was dein Hund dir zeigt, sein Verhalten wie auch seine körperliche Verfassung, fast immer etwas mit dir zu tun hat. Ich kenne das sehr gut, wenn zum Beispiel meine Hunde so gar nicht auf mich hören wollen, sobald ich mit meinen Gedanken nicht ganz bei der Sache bin. Bin ich innerlich angespannt, dann zeigen sie ein eher aggressives Verhalten an der Leine. So spiegeln mir meine Tiere durch ihr Verhalten meine innere Verfassung wider – und das wirklich immer.

Und wie ist das nun bei körperlichen Problemen bei unseren Hunden? Da gibt es verschiedene Möglichkeiten. So kann es sein, dass dein Hund dir gerade deine eigene Krankheit spiegelt, damit du endlich darauf aufmerksam wirst und dir die

Hintergründe dazu anschaust. Jede Krankheit hat nämlich eine Ursache, und wenn du imstande bist, die Ursache zu beseitigen, dann wird ganz oft auch das Symptom selbst verschwinden. Bei uns selbst erkennen wir aber häufig nicht die unmittelbaren Zusammenhänge, sind »betriebsblind«. Dann übernimmt unser Hund die Aufgabe, uns darauf hinzuweisen, indem er uns sozusagen einen Wink mit dem Zaunpfahl gibt.

Eine andere Variante besteht darin, dass dein Hund versucht, dir deine Krankheit abzunehmen. Er spürt genau, wenn es dir schlecht geht, und möchte dir Erleichterung verschaffen, indem er einen Teil für dich trägt. Dies ist natürlich ein gänzlich unbewusster Prozess, der gut ausgehen kann, es aber oft nicht tut. Die tief greifende Treue des Hundes zum Menschen lässt es ihn aber wenigstens versuchen.

Dazu ein Beispiel: Kurz nachdem der Australian-Shepherd-Welpe Crusoe zu Katrin und Andreas kam, wurde bei Katrin ein Tumor diagnostiziert. Nach einer Operation und weiteren Behandlungen konnte sie den Weg der Genesung einschlagen. Doch da erkrankte Crusoe plötzlich, und zwar an der gleichen Tumorart wie sein Frauchen. Zunächst sah es gar nicht gut für ihn aus, aber auch er schaffte es, gesund zu werden, und verbrachte noch einige glückliche Jahre mit Katrin und Andreas. Da Katrin durch diese tiefe Krise begonnen hatte, ihr bisheriges Leben zu überdenken und neu zu strukturieren, konnte sie die energetischen Ursachen ihrer Erkrankung auflösen. So brauchte Crusoe ihr auch nichts mehr aufzeigen oder abnehmen, was ihre Krankheit betraf.

Es gibt in diesem Zusammenhang auch noch eine dritte Möglichkeit, diese ist aber etwas spezieller. Denn manchmal entwickeln Hunde körperliche Symptome, um ihrem Menschen einen »Gefallen« zu tun.

Das erkläre ich am besten ebenfalls an einem Beispiel: Anette, eine Frau mittleren Alters, die Kinder waren schon lange aus dem Haus, hatte eigentlich alles, was sie sich für ein gutes Leben gewünscht hat. Dennoch war sie unzufrieden, frustriert, fühlte sich innerlich leer und unerfüllt. Ihr kleiner Mischlingshund Spike aber war ihr Ein und Alles. Sie sorgte sich sehr um ihn und ging auch häufig mit ihm zum Tierarzt. Da Hunde außerordentlich empathisch und feinfühlig sind, spürte Spike natürlich ganz deutlich, was in seinem Frauchen vor sich ging, und er tat ihr sozusagen den Gefallen und wurde tatsächlich krank. Anette brauchte in gewisser Weise einen kranken Hund, um ihm ihre Fürsorge angedeihen zu lassen und so die eigene Leere füllen zu können.

In solchen Fällen ist es ganz wichtig, zunächst beim Menschen mithilfe von intuitiver Energiearbeit einige Blockaden, Denkstrukturen und Verhaltensmuster zu lösen und so zu ändern, dass ihm der Hund nicht mehr durch seine Krankheit »helfen« muss.
An dieser Stelle kommt das Resonanzprinzip zum Tragen: Sobald nämlich der Mensch beginnt, an sich beziehungsweise seiner Gedanken- und Gefühlswelt zu arbeiten, wird sich auch im Außen, in diesem Fall also beim Hund, etwas grundlegend ändern. Dazu findest du in diesen Buch wirkungsvolle Übungen, die zum einen die unterschiedlichen Verbindungen zwischen dir und deinem Hund beleuchten und zum anderen auch bei dir selbst einiges bewirken können.

Wie entstehen Krankheiten und Verhaltensauffälligkeiten?

Diesbezüglich besagt ein weiteres hermetisches Prinzip, dass alles im Universum geistiger Natur ist. Das bedeutet, dass du beziehungsweise dein Körper auf geistiger Ebene bereits existiert hat, bevor du gezeugt wurdest. Durch die Verdichtung der geistigen Ebenen ist dann dein jetziger materieller Körper entstanden. Wir bestehen also aus verdichteter universeller Energie, die sich in uns und in unserer Aura um uns herum befindet.
Als »Aura« bezeichnet man ganz allgemein das universelle Energiefeld auf der menschlichen Ebene, unseren Energiekörper. Die Aura besteht aus verschiedenen Schichten beziehungsweise Bereichen. (Dazu gibt es in verschiedenen Kulturen auch unterschiedliche Auramodelle.) So gibt es unter anderem eine Schicht, in der sich die Art deiner Gedanken abbildet, eine andere für deine Gefühle und eine weitere Schicht, die ganz eng mit deinem physischen Körper verbunden ist.
Positive, förderliche Gedanken stellen sich in der entsprechenden Auraschicht als klare, helle Energien dar. Negative, hinderliche Gedanken erscheinen als Verdichtungen oder Verunreinigungen, sogenannte Blockaden. Die Gedanken lösen in der Folge entsprechende Emotionen aus, sie bestimmen also letztlich, wie du dich im Moment fühlst. Und auch das spiegelt sich in deinem Energiefeld in der entsprechenden Auraschicht wider.

Stelle dir einmal vor, was wäre, wenn du es schaffen würdest, dein ganzes Leben lang, jeden einzelnen Tag, nur positive Gedanken zu hegen. Wie würdest du dich fühlen? Vermutlich pudelwohl, und ich bin mir ganz sicher, du wärest auch kerngesund.

Jetzt haben wir aber nicht nur positive Gedanken in Bezug auf uns, andere und die Welt. Es gibt Studien, die besagen, dass von den 60.000–70.000 täglichen Gedanken etwa 70 % flüchtig und nebensächlich, etwa 27 % negativ und destruktiv und nur etwa 3 % wirklich positiv und aufbauend sind.
Über die verschiedenen Schichten deines Energiefeldes kommen die durch die Vielzahl an negativen Gedanken erzeugten Blockaden immer näher an deine körperliche Ebene heran. Wenn sie dort angelangt sind, wirst du sie als körperliche Symptome wahrnehmen. In deinem Energiefeld waren sie aber schon länger präsent. Du kannst dir das gut so vorstellen, als ob eine Person an deine Haustür klopft, du aber das Klopfen nicht hörst, weil du gerade in einem etwas abgelegenen Zimmer oder mit deiner Aufmerksamkeit ganz woanders bist.

Achte einmal ganz bewusst darauf, was du spontan denkst, was du sagst oder ausrufst, wenn dir zum Beispiel etwas herunterfällt oder dir etwas so richtig misslingt. In solchen Fällen sind wir nämlich oft sehr hart mit uns selbst.
Um einmal etwas genauer einschätzen zu können, wie viele positive und negative Gedanken sich bei dir über den Tag ansammeln, kannst du eine ganz einfache Übung ausprobieren.

ÜBUNG: Gedanken-Tabelle

Nimm dir einen Zettel, und schreibe darauf die Frage: »Was denke ich gerade?« Teile ihn in zwei Spalten auf: eine für positive und eine für negative Gedanken. Dann befestige den Zettel an einer Stelle in deiner Wohnung, an der du häufiger vorbeikommst und worauf dein Blick fällt.

Jedes Mal, wenn du den Zettel passierst, halte kurz inne, und nimm wahr, ob der Gedanke, der dir in diesem Moment durch den Kopf geht, dich eher aufbaut oder eher herunterzieht. Dann notiere dementsprechend ein Plus (+) oder ein Minus (–) in der jeweiligen Spalte. Am Abend kannst du auf diese Weise ganz einfach erkennen, in welchem Bereich sich deine Gedanken hauptsächlich aufgehalten haben.

Solltest du feststellen, dass die Minus deutlich in der Überzahl sind, kannst du jedes Mal, wenn du dich bei einem negativen Gedanken ertappst, kurz innehalten und dich fragen: »Stimmt dieser Gedanke überhaupt? Ist er wirklich wahr, oder denke ich ihn vielleicht nur, weil ich schon immer so gedacht habe? Tut mir dieser Gedanke gut? Entspricht er tatsächlich noch meiner jetzigen Sichtweise? Wie denke ich aktuell ganz bewusst über dieses Thema?«

Unsere Einstellung zu einem Thema verändert sich im Laufe des Lebens, wir entwickeln uns weiter. Unser Unterbewusstsein bekommt das aber nicht immer mit, und so denken wir unbewusst noch alte, überholte Gedanken, obwohl wir bewusst ganz anders denken. Wenn du diese Übung ein paar Tage hintereinander machst, wirst du mit der Zeit bemerken, noch bevor du an deinem Zettel vorbeikommst, wenn du gerade keinen förderlichen Gedanken denkst, und kannst so immer häufiger auf »positiv« umswitchen. Auf diese Weise kannst du eine positive Gedankenspirale starten.

Mehr aufbauende Gedanken bedeuten auch mehr positive Gefühle. Und mehr positive Gefühle führen zu positiveren Gedanken, was wiederum ganz automatisch ein besseres körperliches Befinden nach sich zieht.
Negative Gedanken über uns selbst, also jene, die uns an uns selbst zweifeln lassen, die uns klein halten, aber auch über unsere Mitmenschen verdichten sich somit in unserem Energiefeld und können dadurch Krankheiten in uns auslösen. Deshalb ist es von Vorteil, neben der Behandlung der Symptome durch die Schulmedizin und durch Heilpraktiker auch energetisch an den Ursachen zu arbeiten.

Was kann sich positiv verändern?

Wenn es dir gelingt, die Auslöser in deinem eigenen Energiefeld zu bearbeiten, dann – das kannst du dir sicherlich gut vorstellen – verändert sich auch etwas auf der körperlichen Ebene. Ich werde dir zum einen aufzeigen, wie du mit deinem kranken oder verhaltensauffälligen Hund arbeiten kannst, und zum anderen lernst du Methoden kennen, wie du bei dir selbst Themen aufspüren und in einem weiteren Schritt auch verändern kannst, damit dein Hund sie dir nicht aufzuzeigen braucht. Damit ist der Weg frei für ein glückliches, zufriedenes und gesundes Zusammenleben von Mensch und Hund.

Was ist intuitive Energiearbeit?

Mithilfe deiner intuitiven Sinne bist du in der Lage, die energetische, feinstoffliche Ebene wahrzunehmen. Jede Veränderung, die auf dieser Ebene stattfindet, hat unmittelbare Auswirkungen auf der materiellen, körperlichen Ebene. Diese Auswirkungen können sowohl bei dir selbst als auch bei deinem Hund spürbar sein. Da du dich bei der Energiearbeit gedanklich immer so ausrichtest, dass du das höchste Wohl aller Beteiligten als Ziel hast, wird das Ergebnis stets positiv sein. Du brauchst also nicht zu befürchten, etwas falsch zu machen oder gar zu verschlimmern.

Die intuitiven Sinne

Genau wie wir über fünf physische Sinne verfügen, hat jeder von uns auch intuitive Sinne, mit denen wir auf feinstofflicher Ebene wahrnehmen können: das intuitive Fühlen, Sehen, Hören und Wissen. Daneben gibt es noch das intuitive Riechen und das Schmecken. Diese letzten beiden Sinne spielen aber meist lediglich eine untergeordnete Rolle, da sie in vielen Fällen nur gepaart mit einem der anderen Sinne auftreten, zum Beispiel empfängst du intuitiv ein Bild und bemerkst gleichzeitig einen Geruch dazu.

Kleine Kinder haben noch einen sehr guten Zugang zu ihrer Intuition. Sie spielen ganz selbstverständlich mit ihren unsichtbaren Freunden und wissen genau, ob sie eine bestimmte Person mögen oder nicht. Spätestens mit Eintritt in die Schule wird jedoch in erster Linie der Verstand geschult, und die intuitiven Wahrnehmungen spielen keine große Rolle mehr. Die Intuition verhält sich dann wie die Muskulatur: Wird sie nicht regelmäßig trainiert, dann bildet sie sich nach und nach immer mehr zurück.
Die gute Nachricht ist: Mit etwas Training kannst du deine intuitive Wahrnehmung relativ schnell schärfen, sodass du imstande bist, ihre Botschaften wieder deutlich zu vernehmen.

Jeder von uns hat meist ein oder zwei intuitive Sinne, mit denen er leichter empfangen kann. Welche könnten das bei dir sein? Finden wir es heraus.

Das intuitive Fühlen

Das sogenannte Bauchgefühl ist für die meisten Menschen am leichtesten zugänglich, da es am ehesten mit einer körperlichen Wahrnehmung verbunden ist. Die Redewendungen »eine Entscheidung aus dem Bauch heraus treffen« oder »(k)ein gutes Bauchgefühl haben« sind aus gutem Grund fest in unserem Sprachgebrauch verankert. Das intuitive Fühlen beschränkt sich aber nicht nur auf den Bauchraum, du kannst es auch als ein Frösteln, ein Kribbeln oder ein Wärmegefühl im ganzen Körper wahrnehmen.

Ein weiterer Bereich des intuitiven Fühlens ist das Erspüren von Gefühlen anderer Personen oder auch von Situationen. »Da liegt etwas in der Luft« oder »in seinen Worten schwingt so etwas mit« hast du bestimmt schon einmal gehört. Hierbei reagiert dein Körper ganz intuitiv auf die verschiedensten energetischen Schwingungen.

- Ist es dir wichtig, dass Besucher sich bei dir wohlfühlen?
- Nimmst du leicht die Gefühle und Stimmungen anderer Menschen wahr?
- Bist du oft überwältigt von Eindrücken?
- Fällt es dir manchmal schwer, deine eigenen Gefühle von denen anderer zu unterscheiden?
- Fühlst du dich in Menschenmengen schnell unwohl und überfordert?

Wenn du die meisten dieser Fragen mit Ja beantwortest, dann kann es gut sein, dass das intuitive Fühlen dein intuitiver Hauptsinn ist.

Das intuitive Sehen

Hier empfängst du visuelle Eindrücke, Bilder oder Symbole in der Mitte deiner Stirn über dein Stirnchakra, auch »Drittes Auge« genannt. Am besten funktioniert das, wenn du einfach deine Augen schließt, dann kannst du die visuellen Informationen wie auf einem inneren Bildschirm empfangen. So ähnlich geschieht dies auch beim Träumen. Diese Bilder sind meistens nicht gestochen scharf und oft auch symbolhaft. Deshalb bedarf es zu Beginn ein wenig Übung, um die optischen Eindrücke gut einsortieren zu können. Die Bilder können einerseits sehr detailreich sein, sodass es etwas Zeit braucht, um einen Überblick darüber zu bekommen, andererseits aber auch zum Teil undeutlich, sodass sie vielmehr einer Ahnung gleichkommen.

- Hast du einen ausgesprochen guten Orientierungssinn?
- Brauchst du eine Weile, um dich mit Veränderungen anzufreunden?
- Neigst du zum Perfektionismus?
- Bist du ein Tagträumer?
- Kannst du dir Situationen gut vor deinem inneren Auge ausmalen?

Wenn du die meisten dieser Fragen mit Ja beantwortest, dann ist es gut möglich, dass das intuitive Sehen dein intuitiver Hauptwahrnehmungskanal ist.

Das intuitive Hören

Der Wahrnehmungsbereich für das intuitive Hören liegt etwas oberhalb der Ohren innerhalb deines Kopfes. Du kannst intuitiv Stimmen, Töne, Musik und Geräusche in dir wahrnehmen. Aus diesem Grund haben intuitiv Hörende oft gar nicht den

Eindruck, dass sie von ihrer Intuition Antworten auf innerlich gestellte Fragen empfangen. Viel eher meinen sie, einen inneren Dialog mit sich selbst zu führen.

- Bist du ein analytischer Mensch?
- Stellst du so lange Fragen, bis du einen Sachverhalt wirklich durchdrungen hast?
- Fällt es dir leicht, herauszuhören, wenn dich jemand belügt?
- Ist dir der Verstand wichtiger als das Gefühl?
- Kannst du gut organisieren?

Wenn du die meisten dieser Fragen mit Ja beantwortest, dann verfügst du über wesentliche Eigenschaften eines intuitiv Hörenden.

Das intuitive Wissen

Dies ist der feinste und flüchtigste der intuitiven Sinne. Die Wahrnehmungen empfängst du in diesem Fall über dein Kronenchakra, das sich eine Handbreit über deinem Kopf befindet. Es sind vor allem Eingebungen, ein plötzliches Wissen oder sogenannte Geistesblitze, die meist genauso schnell verschwinden, wie sie aufgetaucht sind. Deshalb ist es manchmal nicht leicht, dieser Art der Wahrnehmung zu vertrauen. Das intuitive Wissen kommt ohne unterstützende Informationen wie Bilder, Stimmen oder Gefühle daher – du weißt es einfach. Dieser Sinn lässt sich nicht ausdrücklich trainieren, er entwickelt sich aber automatisch, wenn du die übrigen intuitiven Sinne schulst.

- Hast du einen flinken Verstand?
- Sprichst du relativ schnell?
- Lässt du dich nicht gern von Konventionen einschränken?
- Weißt du häufig schon die Antwort, noch bevor eine Frage ganz zu Ende gestellt worden ist?
- Fällt es dir leicht, Schwierigkeiten vorherzusehen?

Wenn du die meisten dieser Fragen mit Ja beantwortest, dann gehörst du aller Wahrscheinlichkeit nach zu den intuitiv Wissenden.

Kannst du nun besser einschätzen, auf welchem der vier intuitiven Kanäle du am leichtesten empfängst? Bekommst du eher ein Bild von einer Situation? Oder fühlst du, wie es anderen Menschen oder Tieren geht? Führst du oft innere Dialoge, bei denen du wie von selbst Antworten bekommst? Oder weißt du häufig sehr schnell, was die richtige Entscheidung ist?

Grundsätzlich bekommen wir die Informationen häufig auf mehreren Kanälen gleichzeitig, du hast zum Beispiel ein Gefühl zu einer Situation, und dazu erscheint dir dann ein Bild. Versuche, dich nicht zu sehr unter Druck zu setzen, um intuitive Botschaften zu empfangen, sondern mache es dir so leicht wie möglich: Stelle dich auf den Kanal ein, der dir am meisten liegt, denn so erzielst du gleich von Beginn an gute Erfolge. Die anderen Sinne entwickeln sich dann mit der Zeit immer weiter.

Wenn du schon weißt, welcher dein bester Sinn ist, um intuitiv Eindrücke zu empfangen, fällt dir der Einstieg in die intuitive Energiearbeit natürlich leichter. Letztlich ist es aber völlig ohne Bedeutung, ob du eine Information hörst, siehst, fühlst oder einfach weißt, denn du kannst sicher sein, dass genau die Information, die du erhalten sollst, ihren Weg zu dir findet.

Die intuitive Wahrnehmung trainieren

Um deine intuitiven Sinne zu trainieren, ist es empfehlenswert, deine physischen Sinne ganz bewusst zu benutzen. Ist dir schon einmal aufgefallen, dass kleine Kinder viel mehr Details wahrnehmen als die meisten Erwachsenen, zum Beispiel in Wimmelbüchern? Mit zunehmendem Alter neigen wir dazu, nicht mehr wirklich aufmerksam wahrzunehmen, sondern greifen häufig nur noch auf unsere Erfahrungswerte zurück. Wir benutzen unsere Sinne oft nicht mehr bewusst. Da die intuitiven Sinne aber ganz ähnlich funktionieren wie die physischen Sinne, wollen wir zunächst damit starten, die physischen Sinne wieder einmal ganz bewusst anzuwenden.

ÜBUNG: Die physischen Sinne

Nimm dir ein paar Minuten Zeit, setze dich bequem hin, schließe deine Augen, werde innerlich ruhig, und versuche, einfach nur zu spüren.
Nimm zunächst einmal deinen Körper wahr. Was kannst du da alles entdecken? Nimmst du deine Füße auf dem Boden wahr oder deinen Po auf der Sitzfläche? Spürst du, wie dein Atem durch deine Nase einströmt, in deine Lungen fließt, dort einen kurzen Moment verharrt, um dich dann wieder durch deine Nase zu verlassen?
Zwickt es dich irgendwo? Bemerkst du irgendwelche Anspannungen, vielleicht im Bereich deiner Stirn oder in

deinen Kiefergelenken? Ist dir kalt oder warm? Was alles zeigt dir im Moment dein Körper auf?
Berühre einen Handrücken mit den Fingern der anderen Hand. Wo spürst du den Kontakt? In den Fingern oder auf dem Handrücken? An beiden Stellen?
Dann achte einmal auf deine Gefühle. Was fühlst du gerade? Freude, Wut, Enttäuschung, Stress, Müdigkeit ...? Bewerte es nicht, sondern erlaube dir, einfach nur wahrzunehmen. Kannst du vielleicht sogar die unterschiedlichen Gefühle an ganz bestimmten Stellen in deinem Körper lokalisieren?
Wenn du das nächste Mal eine Blume siehst (oder einen Stein, ein Stück Holz ...), schaue sie dir einmal genau an. Beachte die unterschiedlichen Farbschattierungen, jedes einzelne Blütenblatt, den Stängel, die Blätter ... Betrachte sie ganz bewusst, und schenke ihr deine volle Aufmerksamkeit.
Wo auch immer du gerade bist, halte einen Moment inne, und lausche. Auch wenn du im ersten Moment vielleicht meinst, gar nichts zu hören, so bin ich mir sicher, dass da eine Vielzahl an unterschiedlichen Geräuschen zu vernehmen ist. In einer geräuschvollen Umgebung kannst du versuchen, einzelne Geräusche herauszufiltern und voneinander zu unterscheiden. Oder probiere doch einmal aus, herauszuhören, welche aus der Nähe und welche aus der Ferne zu dir dringen.

Genauso kannst du auch mit dem Geruchs- und dem Geschmackssinn vorgehen.

Je differenzierter du mit deinen physischen Sinnen wahrnimmst, desto leichter wird es dir auch fallen, intuitiv wahrzunehmen.

Bevor wir nun damit starten, deine intuitiven Sinne zu trainieren, hier noch zwei Tipps.

Am besten kannst du intuitiv empfangen, wenn du ganz entspannt bist und es nicht zu angestrengt versuchst. Hierzu ist eine Einstellung zwischen Neugierde, Leichtigkeit und entspannter Vorfreude hilfreich. Versuche, bewusst spielerisch an die intuitive Wahrnehmung heranzugehen.
Die folgende Einstimmung hilft dir dabei, leicht in einen entspannten Zustand zu gelangen und damit deine intuitiven Sinne auf Empfang zu schalten. Du kannst sie zu Beginn jeder intuitiven Übung und Energiearbeit anwenden.

Einstimmung:
Stelle sicher, dass du in den nächsten Minuten ungestört bist, und begib dich in eine bequeme Sitz- oder Liegeposition. Schließe deine Augen, und entspanne ganz bewusst dein Gesicht und deine Schultern. Erlaube dir, die äußere Welt mehr und mehr loszulassen, indem du deine Aufmerksamkeit immer stärker nach innen lenkst. Lasse deinen Alltag an dir herabgleiten und tief in der Erde verschwinden. Atme langsam ein, halte den Atem für einen Moment an, und atme dann langsam wieder aus. Bei jedem Ausatmen fallen die Anstrengungen des Tages mehr von dir ab, und du sinkst tiefer in dein Inneres hinein. Spüre diese wohlige und behagliche Entspannung.

Meditationen aufnehmen:
Du kannst dir die einzelnen Meditationen und Energiearbeiten aufnehmen, zum Beispiel mit dem Smartphone. Wenn du sie dir anhörst, gelingt es dir noch besser, dich allein auf deine Wahrnehmungen zu konzentrieren.

ÜBUNG: Deine innere Wiese entdecken

Stimme dich ein, und bitte darum, dass vor deinem inneren Auge das Bild einer wunderschönen Wiese entsteht. Lasse dich überraschen, wie sie sich dir darstellt. Vielleicht ist es eine Wiese, die du kennst, vielleicht ist es aber auch ein Ort, der nur in deiner Fantasie existiert.
Schaue dich zunächst einmal in Ruhe um, und nimm einfach nur wahr. Was kannst du sehen? Vielleicht Blumen, Bäume, Steine, Tiere, ein paar Wolken am Himmel, einen Bach oder einen See? Wie fühlt sich der Boden unter deinen Füßen an? Eher weich oder eher fest? Spürst du den Wind oder die Sonnenstrahlen auf deiner Haut? Wie geht es dir, wie fühlst du dich hier? Kannst du das Zwitschern der Vögel hören, das Summen der Bienen, das Plätschern des Wassers? Kannst du den Duft der Blumen riechen? Gibt es vielleicht Früchte, die du kosten kannst? Wie schmecken sie?
Du kannst deine Wiese genau so gestalten, wie sie dir entspricht und besonders gut gefällt, damit du dich hier richtig wohlfühlst. Dann atme ein paarmal tief ein und aus, und komme mit deiner Aufmerksamkeit wieder zurück ins Hier und Jetzt.

Imaginieren versus Visualisieren

Ich werde häufig gefragt, wie man seiner intuitiven Wahrnehmung vertrauen kann und woher man weiß, dass man sich das nicht alles ausdenkt oder einbildet. Dieses Vertrauen ist der leichteste und zugleich der schwierigste Punkt bei der ganzen intuitiven Energiearbeit. Es wird mit der Zeit immer weiter wachsen, aber es ist nützlich, zu wissen, dass es zwei unterschiedliche Arten der Wahrnehmung gibt: das Visualisieren und das Imaginieren.

Visualisieren bedeutet, dass du dir bewusst Dinge oder Situationen vorstellst und dir die Bilder dann in deiner Vorstellung ausmalst. Das ist also etwas, was aktiv von dir aus geschieht.

Imaginieren bedeutet, die Bilder ohne dein eigenes aktives Zutun entstehen zu lassen. Du lässt es einfach geschehen.

Auch wenn sich das Visualisieren und das Imaginieren zunächst direkt auf das Sehen beziehen, lassen sie sich aber ebenso auf alle anderen intuitiven Sinne übertragen. So kannst du aktiv eine Wahrnehmung herbeiführen, indem du zum Beispiel ein Lied in Gedanken singst, oder du kannst eine Wahrnehmung geschehen lassen, und es kommt dir plötzlich ein Lied in den Sinn.
Ein absolut sicheres Zeichen dafür, dass du intuitiv wahrnimmst, ist, wenn die Antwort schon da ist, noch bevor du die Frage zu Ende formuliert hast.
Beobachte dich bewusst, um die Unterschiede von beiden Arten der Wahrnehmung herauszufinden. Mit der Zeit wirst

du dann immer mehr Vertrauen in deine Intuition bekommen. Eine unterstützende, vertrauensbildende Übung dazu ist »Das Körperpendel« (S. 120).
Bei der intuitiven Energiearbeit arbeiten wir mit beiden Varianten der Wahrnehmung.

Die drei Schritte der intuitiven Energiearbeit

Mit den drei konkreten Schritten bekommst du einen leicht zu merkenden Ablaufplan an die Hand, dem du bei jeder Energiearbeit, die du machst, folgen kannst. Diese klare Struktur gibt dir die nötige Sicherheit, um dich vor allem mit den Inhalten beschäftigen zu können.

1. Schritt: Energien intuitiv wahrnehmen

Mache dir zunächst das Thema beziehungsweise die Situation, die du dir anschauen möchtest, bewusst. Dabei ist es hilfreich, immer vom gleichen Ausgangspunkt aus zu starten.
Schließe dazu deine Augen, und rufe dir deine innere Wiese vor Augen. Nun bitte alle Beteiligten, die mit deinem Thema zu tun haben, auf die Wiese zu kommen, also zum Beispiel deinen Hund, dich selbst, die Situation usw. Mithilfe deiner intuitiven Sinne erspürst oder siehst du erst einmal nur, wie die Situation in diesem Moment ist oder sich zeigt.
Bei diesem Schritt geht es allein um das Wahrnehmen und Sammeln von ersten Eindrücken. Lasse deinen Verstand möglichst außen vor. Bewerte nicht, beurteile nicht, und sei ganz ehrlich.

- Wie zeigt sich dir deine Wiese?
- Wo steht dein Hund, und wo bist du?
- Ist es auf der Wiese hell und freundlich oder eher dunkel und nebelig?
- Was fühlst du? Was siehst du? Was hörst du?
- Kannst du körperlich etwas spüren?
- Was nimmst du sonst noch wahr?

Wenn du Bilder siehst, können diese wirklichkeitsgetreu sein oder auch symbolhaften Charakter haben. Um die symbolhaften Bilder zu deuten, achte stets darauf, was sie für dich persönlich bedeuten. Denn zwei Menschen können das gleiche Symbol mit etwas ganz Unterschiedlichem verbinden, je nachdem, womit es in deren Unterbewusstsein verknüpft ist.
Dieser erste Schritt ist besonders wichtig, denn bevor eine Veränderung geschehen kann, braucht es immer die Annahme dessen, was ist.

Erst durch das Wahrnehmen und Akzeptieren des Ist-Zustandes kann etwas im Energiesystem in Bewegung kommen.

2. Schritt: Energien intuitiv entlassen

All das, was störend wirkt oder gar hinderlich ist und sich nicht stimmig anfühlt, wird in diesem Schritt verabschiedet, entlassen oder ganz gelöscht.

Wenn du nun eine Situation, die sich dir zeigt, verändern möchtest, bitte zunächst darum, dass alle Veränderungen zum Wohl aller Beteiligten geschehen. Falls du dir nicht so sicher sein solltest, was genau das Beste in dieser Situation wäre, dann ist es möglich, die Entscheidung einer höheren Instanz zu übergeben, die einen besseren Überblick über die Ist-Situation hat. Da das gesprochene Wort eine größere Kraft besitzt als der bloße Gedanke, sprich dann am besten laut: »Ich erlaube (bestimme, weise an … – je nachdem, was dir stimmiger erscheint), dass all jene Energien, die in dieser Situation nicht mehr förderlich (dienlich, hilfreich …) sind, jetzt entlassen werden und sich auflösen.« Unterstütze diesen Satz, indem du tief und kraftvoll ausatmest.

Es kann sein, dass dein inneres Bild jetzt schon von allein anfängt, sich zu verändern. Falls nicht, nutze deine Fantasie, um die Energien loszulassen, die sich für dich nicht stimmig anfühlen. Liegt dort zum Beispiel ein schwerer Felsbrocken? Dann stelle dir einen Bagger vor, der ihn wegräumt. Dein Unterbewusstsein reagiert nämlich unmittelbar auf deine inneren Bilder.

Achte auch darauf, anderen Lebewesen nicht einfach deinen Willen »überzustülpen«. Behalte stets im Gedächtnis, dass alles, was geschieht, zum Wohl aller sein soll.

Wenn du anschließend das Gefühl hast, dass alles Belastende, Störende und Hinderliche verschwunden ist, füge im nächsten Schritt jene Energien und Qualitäten hinzu, die es braucht, um eine Verbesserung der Situation herbeizuführen.

3. Schritt: Energien intuitiv zuführen

Überlege dir nun, was es braucht, damit sich die Situation zum Besseren verändern, leichter und gesünder werden kann. Hast du vielleicht bereits eine Idee, was dazu notwendig wäre? So benutze auch hier deine Fantasie, und füge genau das Passende hinzu. Du kannst aber auch einfach nur die Erlaubnis geben: »Auch wenn ich nicht genau weiß, wie das geschieht, erlaube ich, dass all die Energien, die es genau jetzt braucht, hinzugefügt werden.« Das können zum Beispiel Licht, Liebe, Verständnis, Freiheit, Klarheit oder auch ganz konkrete Gegenstände, ein bestimmtes Futter oder Medikamente sein. Achte dabei immer auf deine Intuition.
Du kannst dir auch die Fragen stellen: »Was wäre jetzt hilfreich? Welche Fähigkeiten oder Eigenschaften bräuchte es jetzt? Was wünscht sich meine Seele (oder die meines Hundes)?«
Neue Energien und Impulse werden nun hinzugefügt, damit sich ein stimmigeres Bild und ein besseres Gefühl ergeben.

Es ist möglich, dass ein Thema so komplex und vielschichtig ist, dass es sich nicht gleich beim ersten Herangehen vollständig lösen lässt. Das ist aber ganz normal, manches braucht einfach ein bisschen mehr Zeit. Versuche es dann einfach in ein paar Tagen noch einmal, und sei gespannt, welche Eindrücke du dann bekommen wirst.

Um diese drei Schritte jetzt auch in die Praxis umzusetzen, bekommst du hier eine Übung an die Hand, bei der es zunächst einmal nur um den ersten Schritt, das Wahrnehmen, geht.

Übung: Die Herzensverbindung zum Hund wahrnehmen

Stimme dich zunächst ein. Dann begib dich auf deine innere Wiese, und nimm sie mit allen Sinnen wahr. Bitte deinen Hund, zu dir auf die Wiese zu kommen. Nun formuliere laut oder in Gedanken deine Absicht: »Ich möchte unsere Verbindung von Herz zu Herz wahrnehmen.«

Sieh, fühle oder wisse ganz einfach, dass da eine direkte Verbindung von deinem Herzen zum Herzen deines Hundes besteht. Du kannst diese Verbindung jetzt vor dir sehen. Aus welchem Material besteht sie? Wie zeigt sie sich dir? Wie ein Seil, ein Lichtband oder etwas ganz anderes?

Jetzt erlaube dir, dir der Liebe gewahr zu sein, die in dieser Verbindung fließt. Spüre die innige Verbundenheit, die zwischen euch beiden besteht. Fühle die tiefe Zuneigung deines Hundes zu dir.

Und nun nimm wahr, was von deinem Herzen aus zu deinem Hund hinfließt und was es in dir bewirkt. Kannst du die besondere Energie zwischen euch fühlen?

Nimm dieses Gefühl noch eine Weile wahr, genieße es, und wenn du bereit bist, dann bedanke dich dafür bei deinem Hund, und öffne nach ein paar tiefen Atemzügen wieder deine Augen.

Konntest du diese große, reine Liebe, die dein Hund für dich empfindet und die du für ihn hegst, wahrnehmen? Diese einfache Übung ist für mich die beeindruckendste überhaupt, weil die Gefühle meist so klar und überwältigend sind.
Jetzt ist es aber auch gut möglich, dass du etwas wahrgenommen hast, was eure Herzensverbindung stört oder behindert. Vielleicht hast du sie als belastet empfunden, als verunreinigt oder als zu schwach. Wenn dem so ist, atme tief durch, und akzeptiere es zunächst einmal. Denn dafür kann es viele ganz unterschiedliche Gründe geben. Ich werde dir hier noch mehrere Möglichkeiten aufzeigen, eure Herzensbeziehung wesentlich zu verbessern und zu stärken.

Bei der folgenden Übung benutzt du nun alle drei Schritte der intuitiven Energiearbeit.

ÜBUNG: Die Herzensverbindung reinigen und stärken

Stimme dich ein, und formuliere dann deine Absicht: »Die Herzensverbindung möge sich zum Wohl aller entwickeln.« Stelle dir im Geist deine Wiese vor, nimm dich selbst dort wahr, und bitte deinen Hund, zu dir zu kommen.
Beobachte nun die Herzensverbindung zwischen euch. Aus welchem Material besteht sie? Ist sie stabil? Hast du den Eindruck, sie ist zu schwach oder vielleicht zu stark? Nimm einfach nur wahr, und beobachte. Bewerte nicht, was sich dir zeigt. Du musst auch noch nichts daran verändern. Zum jetzigen Zeitpunkt geht es einzig und allein darum, den Ist-Zustand möglichst genau zu beobachten. Benutze dafür ruhig alle deine intuitiven Sinne. Was siehst du? Wie fühlt es sich an? Kannst du Informationen hören? Weißt du manches einfach so? Stellst du Störungen in der Herzensverbindung fest? Ist sie durch etwas beschwert? Bemerkst du vielleicht hinderliche Gegenstände, Personen oder andere Energien? Mache eine möglichst detailreiche Bestandsaufnahme.

Im nächsten Schritt geht es darum, alles Unstimmige und Belastende loszulassen. Was fühlt sich für dich nicht richtig an? Bitte darum, dass alles, was eure Beziehung von Herz zu Herz belastet, jetzt gehen oder sich wandeln darf. Sage oder denke: »Auch wenn ich nicht weiß wie, bitte ich darum, dass sich jetzt alles Belastende und Hinderliche zum Positiven hin verändert oder sich auflöst.«

Vielleicht bemerkst du, dass sich sofort und ohne dein Zutun etwas wandelt. Dann lasse es einfach geschehen. Anderenfalls benutze deine Fantasie, und verändere die Situation so, wie du sie gern haben möchtest. Ist es zu dunkel, um etwas zu erkennen? Dann knipse das Licht an. Gibt es eine diesige Energiewolke? Dann visualisiere einen kräftigen Wind, der sie wegbläst. Verändere oder entferne alles, was für eure Beziehung nicht förderlich ist.

Im dritten Schritt fügst du nun all jene Qualitäten und Energien hinzu, die für eine tiefe und starke Verbindung von Herz zu Herz notwendig sind. Verlasse dich dabei ganz auf deine Intuition. Braucht es Vertrauen, Freude, Verständnis oder etwas ganz anderes? Dann lasse es mithilfe deiner Fantasie einfließen. Möchte dein Hund auch etwas in eure Verbindung hineingeben? Frage ihn, was es ist, und nimm wahr, wie es hinzugefügt wird. Sobald du das Gefühl hast, dass die Verbindung stimmig ist, bedanke dich bei deinem Hund, und verlagere deine Aufmerksamkeit wieder ins Hier und Jetzt.

Dies war nun deine erste intuitive Energiearbeit. Wie ist es dir dabei ergangen, in deiner Vorstellung Bilder, Gefühle und Veränderungen zu erschaffen? Ist es dir leicht gefallen, oder hattest du Schwierigkeiten?
Im Folgenden bekommst du noch vielfach die Möglichkeit, dich weiter darin zu üben. Denn auch hier gilt wie so oft die Regel: Übung macht den Meister.

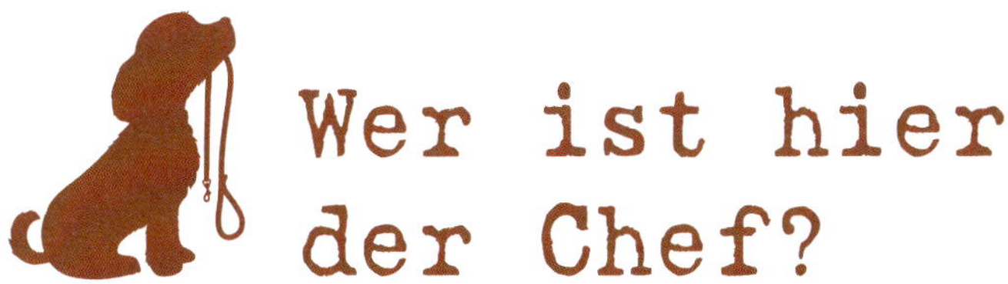

Wer ist hier der Chef?

Hundeerziehung ist ein heikles Thema, ähnlich wie Kindererziehung, deshalb möchte ich mich da komplett raushalten. Stattdessen soll es hier nun in erster Linie darum gehen, auf energetischer Ebene festzustellen, was dein Hund braucht, um gut versorgt zu sein.
Des Weiteren möchte ich mit dir gemeinsam erkunden, worin dein eigener Anteil am Verhalten deines Hundes und an der Art eurer Beziehung besteht, und dir zeigen, was du zu einem glücklichen Zusammenleben beitragen kannst.

Rollenverhalten und natürliche Autorität

Auch in Einzelhunden ist das Rudelverhalten ganz tief verankert. Im Rudel zu leben, bedeutet, dass die Rollenverteilung für alle Mitglieder in der Gruppe geklärt ist und sich alle daran halten. Nur wenn jeder seine Rolle akzeptiert und sich entsprechend verhält, ist ein friedliches soziales Miteinander möglich. Grundsätzlich ist ein Hund gern bereit, seinen vorgesehenen Platz auch in einem Menschenrudel anzunehmen. Da der Mensch das ranghöchste Mitglied sein möchte – jedenfalls in den meisten Fällen –, bedeutet das aber auch, dass er den Platz des Chefs tatsächlich einnehmen sollte. Dadurch bekommt der Hund eine gewisse Sicherheit vermittelt, die er unbedingt braucht, um entspannt leben und sich gut entwickeln zu können.

Im Gegensatz dazu beobachte ich aber häufig, dass Menschen auf ihren Hund in einer Art und Weise fixiert sind, dass sie auf sein Verhalten nur reagieren, das heißt, der Hund tut etwas, und der Mensch handelt daraufhin entsprechend. Dadurch jedoch übernimmt der Hund automatisch die Führungsrolle. Demzufolge wäre es viel sinnvoller, wenn der Mensch agieren, also die Führungsrolle übernehmen und der Hund dann darauf reagieren würde.

Ein Beispiel dazu: Vor einiger Zeit lernte ich beim Gassigehen Veronika mit ihrer Hündin Zora kennen. Als wir darüber sprachen, ob wir uns am folgenden Tag wieder treffen wollten, meinte sie, dass das wahrscheinlich nicht klappen werde, da sie noch nicht wisse, welchen Weg ihre Hündin am nächsten Tag einschlagen würde. Sie lasse sie nämlich immer da langgehen, wo sie gern möchte, und folge ihr dann halt. Sie hätte ja keinen Einfluss darauf, wohin es ihre Hündin ziehe …

In diesem Fall bestimmt der Hund im wahrsten Sinne des Wortes, wo es langgeht, und hat damit ganz klar die Führung übernommen. Interessanterweise ist Zora auch häufig in Beißereien mit anderen Hunden verwickelt, denn von ihrer Besitzerin bekommt sie nur wenig Halt und Sicherheit vermittelt, sodass sie meint, viele Situationen selbst klären zu müssen.

Ein Hund spürt sofort, wenn die Führungsposition im Rudel vakant ist, da der Mensch sie nicht einnimmt. Er versucht dann, sie auszufüllen, denn ein Rudel ohne Führung ist leicht an-

greif- und verletzbar. Nun ist zum einen aber nicht jeder Hund für eine solche Position geeignet – genauso wenig wie jeder Mensch –, und zum anderen möchte der Mensch ja meistens, dass der Hund auf ihn hört und ihn als Chef akzeptiert. Nicht klar definierte Rollen können zu großen Missverständnissen in der Mensch-Hund-Beziehung führen.
Das Oberhaupt des Rudels zu sein, bedeutet NICHT, dominant zu agieren und gegebenenfalls mit Gewalt den Hund zu unterdrücken oder ihm gar den eigenen Willen aufzuzwingen. Vielmehr ist damit gemeint, den Führungsanspruch so tief verinnerlicht zu haben, dass der Hund das auch spürt und es voll akzeptiert. Ein souveräner Mensch vermittelt dem Hund so viel Sicherheit, dass dieser ihm ganz entspannt und gern folgt.

Dein Hund folgt nicht?

Es gibt viele Situationen, in denen man erkennen kann, dass etwas in der Mensch-Hund-Beziehung nicht so recht klappt: Der Hund läuft nicht bei Fuß, reagiert nicht, wenn er gerufen wird, zieht beim Gassigehen an der Leine, legt sich mit anderen Hunden an oder reagiert aggressiv, wenn es an der Tür klingelt. Bestimmt kennst du diese Hundetrainer aus dem Fernsehen, bei denen Tiere, die ihren Bezugsmenschen normalerweise auf der Nase herumtanzen, auf einmal ein komplett anderes, vorbildliches Verhalten zeigen. Woran könnte das liegen? Meiner Meinung nach ist ein wesentlicher Grund dafür, dass die Profitrainer zu 100 % davon überzeugt sind, dass jeder Hund ihnen folgt. Sie sehen die Führungsrolle ganz klar bei sich, und das spürt ein Hund sofort. Die Besitzer hingegen werden immer unsicherer, je häufiger sie feststellen müssen, dass das Zusammenleben mit ihrem Liebling schwieriger ist, als sie es erwartet

haben. Diese Unsicherheit nimmt der Hund ebenfalls deutlich wahr, was nahezu zwangsläufig zu Missverständnissen und weiteren Problemen führt.
Deshalb wollen wir zunächst einmal schauen, welchen Platz ihr, du und dein Hund, jeweils aktuell einnehmt.

Die Rollenverteilung wahrnehmen und optimieren

Mithilfe der folgenden Übung erfährst du, wie die einzelnen Positionen in deinem Rudel verteilt sind. Gleichzeitig bietet sie dir die Möglichkeit, die Rollenverteilung zu optimieren.
Nimm dir dafür ca. 10 Minuten in entspannter Atmosphäre Zeit, in der du ganz ungestört bist. Dein Hund kann bei dir sein, während du die Übung machst, es ist aber nicht notwendig.

ÜBUNG: Deine Position im Rudel bestimmen

Stimme dich zunächst in Ruhe ein. Schließe deine Augen, und stelle dir deine innere Wiese vor. Vielleicht bekommst du ein ganz klares Bild von ihr, vielleicht aber auch nur eine vage Ahnung oder ein Gefühl. So, wie es geschieht, ist es völlig in Ordnung und richtig.

Nun richte dich gedanklich aus, indem du folgende Fragen stellst: »Wie sind die Positionen bei meinem Hund und mir verteilt? Was sollte ich dazu wissen?«

Bitte in Gedanken deinen Hund auf die Wiese, und nimm ihn einfach einmal wahr – als Bild, als Ahnung oder als Gefühl.

Nimm dann im nächsten Schritt dich selbst auf deiner Wiese wahr. Beobachte einmal, wie sich dir die gesamte Situation darstellt. Sei bei dieser Bestandsaufnahme wirklich ganz ehrlich, und bewerte nicht, was sich dir zeigt. Wo stehst du? Wo befindet sich dein Hund? Wie groß bist du? Wie groß ist dein Hund? Wie fühlt ihr beide euch auf der Wiese? Gibt es Interaktionen zwischen euch? Wer hat das Sagen? Spürst du irgendwelche Unsicherheiten bei dir oder deinem Hund? Was kannst du sonst noch alles wahrnehmen?

Nun frage dich, was sich zu eurem Wohl verändern darf. Was fühlt sich nicht stimmig an? Fehlt etwas? Gibt es etwas, was zu viel ist? Wie müsste sich die Situation ändern, damit es euch gut geht und ihr beide zufrieden seid?

Benutze deine Fantasie, um das Bild so lange zu verändern, bis es für dich stimmig ist. Bitte in Gedanken darum, dass

die Veränderungen zum Wohl aller geschehen. Erschaffe die Situation oder das Bild so, wie es sich für dich gut anfühlt. Vielleicht ändert sich das Bild bereits auch ohne dein Zutun? Dann beobachte einfach, was geschieht. Achte dabei auf deine körperlichen Empfindungen. Denn alle Veränderungen, die auf geistiger Ebene geschehen, werden auch auf der physischen Ebene Auswirkungen zeigen.
Wenn sich dir schließlich alles so zeigt, wie du es als richtig empfindest, nimm einen oder zwei tiefe Atemzüge, und öffne deine Augen.

Da du durch diese Übung nicht nur die Rollenverteilung in deinem Rudel überprüfen, sondern sie auch gegebenenfalls nachjustieren kannst, wiederhole sie ruhig von Zeit zu Zeit. Veränderst du nämlich etwas an deinen inneren Bildern, wird sich das auch unmittelbar im alltäglichen Umgang mit deinem Hund widerspiegeln.
Solltest du mit mehreren Hunden zusammenleben, kannst du, nachdem du zunächst dein Verhältnis zu jedem Hund einzeln geklärt hast, zum Abschluss dann alle zu dir auf die innere Wiese holen und mit ihnen gemeinsam, wie oben beschrieben, energetisch arbeiten.

Oftmals zeigt sich auch, dass sich verschiedene gegenseitige Abhängigkeiten in die Beziehung eingeschlichen haben, die euch daran hindern, eure jeweils passende Position einzunehmen. Die nächste Übung soll deshalb sowohl dir als auch deinem Hund helfen, wieder ganz in die eigene Kraft zu kommen.

ÜBUNG:
Die liegende Acht

Setze dich bequem hin, und stimme dich ein. Nimm ein paar tiefe Atemzüge, und formuliere deine Absicht: »Mein Hund und ich, jeder von uns darf jetzt in seine eigene Kraft kommen und sich von allen belastenden Abhängigkeiten lösen.«

Begib dich in Gedanken auf deine innere Wiese, und bitte deinen Hund zu dir. Stelle dir nun vor, dass auf dem Boden eine große liegende Acht erscheint. Sie kann zum Beispiel aus Steinen oder Blumen gelegt sein, oder du nimmst sie als Licht- oder Energiestrahlen wahr. Vielleicht aber erscheint sie dir auch auf eine ganz andere Art und Weise.

Bitte deinen Hund, sich in einen Kreis der Acht zu stellen, und begib dich in den anderen. Nimm wahr, wie die Energie durch diese liegende Acht fließt. Die Energie strömt von dir zu deinem Hund und wieder zurück, immer hin und her.

Gib nun die Erlaubnis, dass dieser Kreislauf durchtrennt wird und jeder von euch in seiner eigenen Kraft stehen darf. Natürlich bleibt eure Herzensverbindung auch weiterhin bestehen.

Nimm wahr, wie sich die beiden Kreise der Acht an ihrem Kreuzungspunkt voneinander lösen. Vielleicht geschieht das ganz leicht und wie von allein, vielleicht braucht dieser Prozess aber auch deine Unterstützung. Richte deine Absicht darauf aus, dass diese Trennung zum Wohl aller Beteiligten geschehen soll. Dann nimm in Gedanken ein Schwert, ein Messer, eine Schere oder was dir sonst noch erscheint zu Hilfe, und trenne die beiden Kreise voneinander. Sei dir gewiss, dass du

dabei nur die abhängig machenden Energien durchtrennst, aber niemals die liebevolle Herzensverbindung zwischen euch.
Nimm wahr, dass, sobald sich die beiden Energiekreise voneinander gelöst haben, von oben zwei wunderbar strahlende, warme, weiße Lichtsäulen zu euch herunterfließen und deinen Hund und dich umhüllen. Belebende und heilsame Energie strömt in euch, und ihr tankt euch so richtig damit auf. Das Licht gelangt bis in jede einzelne deiner Zellen und erfüllt ebenso den ganzen Körper deines Hundes.
Spüre, wie es ist, wenn nun jeder in seiner eigenen Kraft steht. Wie geht es deinem Hund damit, und wie geht es dir?
Dann bedanke dich in Gedanken bei deinem Hund, verweile noch einen Moment in dieser kraftvollen Energie, und öffne nach ein paar tiefen Atemzügen wieder deine Augen.

Dein Führungslevel

Wie erwähnt, gibt es Menschen, die gegenüber Hunden einen natürlichen Führungsanspruch haben. Wenn du sie fragst, wie es ihnen gelingt, dass ihnen ihr Tier so bereitwillig gehorcht, können sie dir meist keine Antwort darauf geben. Sie demonstrieren ihrem Hund gegenüber auch nicht ständig ihre Macht oder ihre überlegene Stellung. Auffällig ist, dass Hunde ganz oft ihre Nähe geradezu suchen.

Manche Menschen wachsen erst mit der Zeit in diese Rolle hinein. Andere wiederum können und möchten diese Position gar nicht einnehmen, und das ist auch völlig in Ordnung. Es soll nicht darum gehen, zu bewerten und zu beurteilen.

Es ist aber dennoch von Vorteil, herauszufinden, auf welchem Führungslevel du dich im Moment befindest, um euch als Team besser verstehen und viele Situationen besser einschätzen zu können. Dann kannst du, wenn du es möchtest, ganz gezielt daran arbeiten. Das Ergebnis kann unter Umständen mit deiner Tagesverfassung schwanken, aber auch von Hund zu Hund variieren, solltest du mehrere Fellfreunde bei dir haben. Doch auch hier gilt: Sei dir selbst gegenüber bezüglich deiner Wahrnehmung so ehrlich wie möglich.

ÜBUNG: Dein Führungspotenzial erkennen

Stimme dich zunächst ein, und lasse dann vor deinem inneren Auge ein Messinstrument, ähnlich einem Tacho im Auto, erscheinen. Darauf befindet sich ein Zeiger, der sich auf einer Skala von 0 bis 100 bewegen kann.
Bitte nun darum, dass dieses Instrument dir anzeigt, wie viel Prozent deines Führungspotenzials du zurzeit einsetzt und nutzt. Dann beobachte, wo auf der Skala sich der Zeiger einpendelt. Es geht erst einmal nur darum, einen Eindruck zu bekommen, wo du gerade stehst.
Nun bitte darum, dass dir angezeigt wird, welcher Prozentwert der bestmögliche für dich und deinen Hund ist, also der Wert, mit dem es euch beiden so richtig gut miteinander geht.
Wenn du ein Bild oder ein Ergebnis empfangen hast, dann komme langsam mit deiner Aufmerksamkeit wieder zurück.

Mit dieser Übung lässt sich immer wieder prüfen, welche Auswirkungen die intuitive Energiearbeit mit deinem Hund auf die Verwirklichung deines Führungspotenzials hat. So kannst du dich im Laufe der Zeit immer mehr dem optimalen Wert annähern. Du wirst immer stärker mit deinem Hund zu einem verlässlichen Team zusammenwachsen.

Ich persönlich bin nicht der Typ Mensch, der unbedingt die 100 % erreichen muss. Für die letzten 10 bis 20 % müsste ich mich richtig anstrengen und superkonsequent sein, was mir aber von Natur aus nicht liegt.
Dennoch erwarte ich, dass meine Hunde in kritischen Situationen absolut verlässlich auf mich hören. Das hat für mich allerdings mehr mit Vertrauen zu tun als mit meiner Dominanz ihnen gegenüber.
Sollten sich problematische Situationen ergeben, frage ich mich natürlich hinterher, was mein Anteil daran gewesen ist und was ich daraus lernen darf. Anschließend arbeite ich dann energetisch an mir und mit den Hunden und versuche, mich dem Thema auch auf diese Art und Weise zu stellen. Deshalb sind meine beiden Hunde auch meine besten Lehrmeister.

Treuer Gefährte, Partnerersatz, Accessoire –

welche Rolle hat dein Hund?

Es gibt zahlreiche und auch ganz unterschiedliche Gründe, einen Hund bei sich aufzunehmen. Und jeder hat seine Berechtigung. Manches Mal wird dem Hund dadurch allerdings auch unbewusst eine Rolle zugewiesen, die er gar nicht imstande ist, zu übernehmen. Darum werden wir nun dahin gehend etwas genauer hinschauen. Was siehst du in deinem Hund? Was sind deine ursprünglichen Beweggründe, mit einem Hund zusammenleben zu wollen?
Ich liste hier ein paar Fragen auf, die teilweise etwas provokant wirken könnten, dir aber zu mehr Klarheit verhelfen.

- Ersetzt dein Hund einen Partner und füllt so eine Leere?
- Ist er wie ein Kind für dich, um das du dich kümmern kannst?
- Ist er eine Art Sportgerät, das du benutzt, um Erfolge zu erzielen?
- Hast du einen Hund, damit du ihm deine Liebe zeigen kannst, weil dir dies bei anderen Menschen (oder dir selbst gegenüber) nicht so gut gelingt?
- Möchtest du gern zeigen, dass du dir diesen besonderen Hund leisten kannst?
- Ist er ein Accessoire, das gut zu dir passt?
- Ist er eine lukrative Einkommensquelle, weil du zum Beispiel züchtest?

- Symbolisiert er Stärke und Schutz, damit du deine Unsicherheit verbergen kannst?
- Ist er ein Spielgefährte für deine Kinder und vervollständigt deine Familie?
- Ist er bei dir, weil du dieses wunderbare, soziale Geschöpf liebst und seine Gegenwart genießen möchtest?
- Ist er ein Lebewesen, das du entsprechend seiner Veranlagung fordern und fördern möchtest?

Es gibt einige Gründe, die bereits vermuten lassen, dass sich daraus schwerwiegende Probleme im Zusammenleben von Mensch und Hund ergeben könnten. Wenn du jetzt einmal ganz ehrlich bist: Bei welchem Punkt oder bei welcher Kombination von Punkten hast du dich selbst, zumindest teilweise, wiedergefunden?

Eure Beziehung durchleuchten

Sollte dein Hund Energien oder Lasten tragen, die nicht zu ihm gehören oder die viel zu schwer für ihn sind, kann dies im Laufe der Zeit zu Verhaltensauffälligkeiten oder sogar zu Krankheiten bei ihm führen. Da Hunde grundsätzlich überaus tolerante Wesen sind, kompensieren sie ein derartiges Verhalten ihrer Menschen, solange sie dazu imstande sind. Jedoch ist es in der Folge möglich, dass sie Ticks entwickeln und ihr Verhalten immer auffälliger wird.
Damit du lange Freude an einem aktiven, gesunden und ausgeglichenen Hund hast und er genauso glücklich ist, mit dir zusammenzuleben, ist es förderlich, eure Bezeihung einmal ganz genau zu durchleuchten.

Dazu ein einfaches Beispiel: Nehmen wir an, du fühlst dich einsam, weil du derzeit keinen festen Partner hast. Da ist so viel Liebe in dir, die du aber niemandem schenken kannst. Deshalb widmest du deinem kleinen Hund all deine Aufmerksamkeit, verwöhnst ihn und kümmerst dich rührend um ihn. Du vertraust ihm all deine Gedanken an, er widerspricht dir nicht und ist immer an deiner Seite. Das heißt: Ganz unbewusst erwartest du von dem Tier, dass es deine Bedürfnisse erfüllt und ganz für dich da ist. Dein Hund wird sich aufgrund eurer engen Bindung die allergrößte Mühe geben, dir zu gefallen und nach seinen Möglichkeiten für dich da zu sein.

Wie gesagt, das ist im Grunde auch völlig okay, wenn gewisse Regeln eingehalten werden. Auf geistiger Ebene zeigt es sich oft, dass viele energetische Verbindungen zwischen Tier und Mensch entstanden sind, die nichts mit der reinen Herzensverbindung zu tun haben. Sie ziehen Energien vom Hund ab oder laden ihm andere Energien auf, die nicht zu ihm gehören. In beiden Fällen schaffen sie Abhängigkeiten. Denn im Idealfall gibt es nur eine einzige starke Verbindung zwischen Mensch und Tier, nämlich jene von Herz zu Herz, und alle beide, sowohl Mensch als auch Hund, stehen in ihrem eigenen Energiefeld.

Energetische Verbindungen erkennen und lösen

Es lohnt sich auf jeden Fall, erst einmal eine ganz nüchterne und unbeschönigte Bestandsaufnahme zu machen, um dann alles, was eure Beziehung negativ beeinflussen könnte, zu überdenken und zu bereinigen.

In der folgenden Übung leite ich dich an, zunächst diese Verbindungen zu erkennen, und dann jene, die abhängig machen, zu lösen und so euer beider Energiefeld zu klären. Die Herz-zu-Herz-Verbindung bleibt natürlich immer bestehen und wird sogar noch gestärkt, wenn all jene, die deinen Hund schwächen, gelöst sind.
Überlege dir vorab, ob du jetzt bereit dazu bist, eure Beziehung auf eine neue, unabhängigere Ebene zu bringen. Sollte sich das für dich gut und stimmig anfühlen, nimm dir ca. 10 Minuten Zeit, in denen du ganz ungestört bist. Dein Hund braucht während der Übung nicht anwesend zu sein, aber vielleicht wirst du bemerken, dass er danach viel lieber auf dich zukommt.
Sofern du innerlich für diesen Schritt noch nicht bereit sein solltest, wirst du das auch ganz deutlich spüren können. Dann akzeptiere es einfach für den Moment so, wie es ist, denn vielleicht brauchst du einfach noch ein wenig mehr Zeit, dich mit diesem neuartigen Gedanken anfreunden zu können.

ÜBUNG:
Die Energieverbindungen lösen

Stimme dich in Ruhe ein, und nimm dich auf deiner inneren Wiese wahr. Bitte dann deinen Hund, dazuzukommen. Führe dir deine Absicht klar vor Augen, nämlich alle energetischen Verbindungen zwischen dir und deinem Hund wahrzunehmen.

Richte nun deine Aufmerksamkeit auf eure Verbindung von Herz zu Herz. Wie sieht sie aus? Besteht sie aus Licht, Energie, einem Seil oder etwas anderem? So, wie sie sich dir zeigt, ist es völlig in Ordnung. Wie fühlt sie sich an? Dieses Band ist sehr wichtig für euch beide und darf auch so bestehen bleiben. Spüre einmal hinein. Kannst du die Liebe wahrnehmen, die dort fließt?

Bemerkst du vielleicht daneben auch noch weitere Verbindungen zwischen euch, die andere Stellen eures Körpers miteinander verknüpfen? Das sind dann die Energieräuber. Sie schaffen Abhängigkeiten. Nimm auch diese wahr, und spüre, welche Gefühle sie in dir auslösen. Was machen sie mit deinem Hund? Diese schwächenden Verbindungen darfst du nun lösen, wenn du dazu bereit bist. Du musst sie dabei weder ganz genau sehen oder spüren, noch musst du wissen, um was es sich dabei im Detail handelt.

Bitte nun darum, dass alle Verbindungen, die nicht euer beider Wohl dienen, getrennt werden. Vielleicht geschieht dies nun von ganz allein. Sollte das nicht der Fall sein, verwende in deiner Vorstellung deine Hände, ein Schwert, eine Schere, eine Machete oder was auch immer dir im Moment richtig erscheint, und durchtrenne damit diese Verbindungen – eine nach der anderen oder auch alle auf einmal. Die Enden der getrennten Verbindungen ziehen sich jeweils wieder zurück zu dir und zu deinem Hund.

Atme einmal ganz bewusst ein und wieder aus. Spüre oder sieh jetzt die Situation von deinem Hund und dir. Kannst du bereits eine Veränderung wahrnehmen? Wie wirkt die Herz-zu-Herz-Verbindung jetzt auf dich?

Wenn du spürst, dass für den Moment genug getan ist, bedanke dich bei deinem Hund für seine Hilfe, und entlasse ihn von der Wiese. Dann komme wieder mit deiner Aufmerksamkeit ins Hier und Jetzt zurück.

Solltest du mehrere Hunde haben, ist es sinnvoll, diese Übung mit jedem Tier einzeln durchzuführen.
Es ist möglich, dass dir dein Hund danach etwas fremd vorkommt oder du dich vielleicht sogar ein wenig einsam und allein fühlst. Das kann durchaus an den gerade gelösten Abhängigkeiten liegen. Aber sei unbesorgt, das Gefühl legt sich bald.
Zum Abschluss kannst du zu deinem Hund noch Folgendes sagen: »Liebe/r … (Name des Hundes), ich danke dir für deine Gesellschaft und für deine Liebe. Ich entlasse dich aus allen Abhängigkeiten, die dir nicht guttun. Ab sofort behalte ich meine Energie bei mir und lasse deine ganz bei dir. Ich werde mich selbst um meine Bedürfnisse kümmern. Unsere Verbindung von Herz zu Herz ist und bleibt stark und liebevoll.«
Achte in den nächsten Tagen darauf, ob sich in eurer Beziehung und auch am Verhalten deines Hundes etwas ändert.

Natürlich kannst du auch weiterhin deinem Hund alles Wichtige erzählen. Der Unterschied ist jetzt nur, dass er die Energie, die durch deine Worte zu ihm fließt, nicht mehr übernehmen muss. Er spürt es unmittelbar, wenn du die Verantwortung für deine Themen selbst trägst und ihn nicht als »externen Speicher« benutzt. Auf diese Weise seid ihr beide viel freier und wieder in eurer ganzen Kraft.
In einzelnen Fällen entscheiden sich Hunde allerdings dafür, diese Energien weiterhin zu sich zu nehmen. Dies geschieht dann aber aus freien Stücken, weil sie es so möchten oder es ganz einfach ihre Aufgabe ist. Das darfst du dann auch voll und ganz akzeptieren.

WICHTIG: Die Energieverbindungen solltest du ausschließlich bei dir und deinem Hund trennen. Arbeite bitte nie ungefragt an den Energieverbindungen anderer Menschen zu deren Hunden.

Die Bedürfnisse des Hundes

Da Hunde grundsätzlich immer im Hier und Jetzt leben, sind ihre Bedürfnisse auch viel klarer strukturiert als beim Menschen, der sich Gedanken um die Vergangenheit und um die Zukunft macht. Da gibt es zunächst einmal ihre Grundbedürfnisse nach Futter, Wasser, Ruhe, Schlaf, körperlicher und geistiger Auslastung. Zudem sind ihnen Verlässlichkeit und Sicherheit genauso wichtig wie feste Tagesabläufe und ein Rückzugsort. Hunde haben auch soziale Bedürfnisse, zum Beispiel nach Familienanschluss, (je nach Hund mehr oder weniger) Kontakt zu anderen Hunden, Sexualität und Fortpflanzung. Nicht zuletzt sollten sie ihre genetisch angelegten Verhaltensweisen wie Hüten oder Jagen kontrolliert, zum Beispiel im Spiel, ausleben dürfen. Darüber hinaus hat jeder Hund natürlich auch noch individuelle Bedürfnisse.

Bei meinen beiden Hunden sieht das folgendermaßen aus:
Becca wünscht sich eine Welt ohne geschlossene Türen, ohne Zäune und ohne Besitzer. Sie möchte frei und ungebunden überall herumstreifen und sich die Menschen, mit denen sie Umgang hat, selbst auswählen. Sie mag Fußlaufen nicht (und zeigt das leider auch, während wir uns gerade auf die Begleithundeprüfung vorbereiten). Auf den Kontakt mit anderen Hunden würde sie gern verzichten.
Lucy hingegen wünscht sich Nähe, genügend Schutz zu bekommen, aber gleichzeitig auch Schutz geben zu können. Sie will aufpassen und hüten, zur Familie gehören, gehorchen, zeigen, dass sie genau weiß, was ich von ihr will, und gemeinsam mit mir Agility trainieren. Sie freut sich über (fast) jede Begegnung mit Artgenossen.

Um detaillierte Informationen über die Bedürfnisse deines Hundes zu bekommen, kannst du dich wie in den vorangegangenen Übungen mit ihm in deiner Vorstellung auf deine innere Wiese begeben und diesbezüglich einfach einmal nachfragen. Die Antworten können dann als Bilder, Gefühle, Worte oder in einer Kombination von alldem zu dir kommen.

Die Bedürfnisse des Menschen

Wie gesagt, sind die Bedürfnisse von Menschen durchaus komplexer als die von Hunden. In der Maslow'schen Bedürfnispyramide werden diese anschaulich in fünf Ebenen aufgeteilt: die grundlegenden Existenzbedürfnisse, dann Sicherheit, die Sozialbedürfnisse, Anerkennung und Wertschätzung und schließlich das Bedürfnis nach Selbstverwirklichung. Auf jeder dieser Ebenen sind Defizite möglich, können Bedürfnisse also unbefriedigt sein. Die Gefahr ist dann allerdings groß, dass wir uns diese über einen Hund zu erfüllen versuchen.
Manchmal ist es gar nicht so einfach, zu erkennen, ob sich hinter dem offensichtlichen Grund, dir einen Hund in dein Leben zu holen, nicht doch ein verstecktes unerfülltes Bedürfnis verbirgt. Falls dem so ist und du erkennst, warum du deinen Hund wirklich zu dir geholt hast, kannst du eventuelle Lasten, die er bereits für dich trägt, viel leichter zu dir zurücknehmen.
Die folgende Übung bietet dir eine einfache Möglichkeit, dir deiner unerfüllten Bedürfnisse bewusst zu werden. Hier geht es also nur um dich.

ÜBUNG: Deine Bedürfnisse erkennen

Nimm dir ein paar Minuten Zeit, in denen du ungestört bist, und stimme dich ein.

Stelle dir nun einen sicheren, geschützten Raum vor. Das kann auch ein schöner Ort draußen in der Natur sein. Schaue dich dort einmal um. In deinen Gedanken kannst du ihn genau so gestalten, dass du dich dort wirklich behütet, zu Hause und vollkommen wohlfühlst.

In diesem Raum befinden sich zwei Sessel. Nimm auf einem davon Platz. Es gibt auch eine Tür. Hinter dieser wartet das ursprüngliche, versteckte Bedürfnis, das dich dazu bewogen hat, deinen Hund in dein Leben zu holen. Du brauchst noch nicht zu wissen, um welches es sich handelt.

Es klopft zunächst einmal an und bittet darum, von dir hereingelassen zu werden. Wenn es sich für dich gut anfühlt und du bereit dafür bist, erlaube ihm, einzutreten. Bitte nun darum, alle Informationen, die jetzt wichtig für dich sind, klar und deutlich zu empfangen. Dann öffnet sich die Tür, und du kannst wahrnehmen, in welcher Gestalt sich dir das eigentliche Bedürfnis zeigt.

Fordere es freundlich auf, auf dem dir gegenüberstehenden Sessel Platz zu nehmen. Erkennst du denn schon, um welches Bedürfnis es sich handelt? Wenn nicht, frage nach. Du wirst eine Antwort darauf bekommen, entweder als Wort, als Gefühl oder als Bild. Vielleicht weißt du die Antwort aber auch ganz einfach.

Wie wirkt dieses Bedürfnis auf dich? Ist es groß oder klein, hell oder dunkel? Was macht es mit dir, es hier so deutlich vor dir zu haben? Atme einmal tief durch, und rufe dir ins Bewusstsein, dass es ein Teil von dir ist, den du nun vielleicht zum ersten Mal so direkt wahrnehmen kannst. Es gehört zu dir und ist bereit, sich dir zu zeigen. Dafür darfst du dankbar sein.
Ist es dir vielleicht sogar möglich, das Bedürfnis zu akzeptieren und anzunehmen? Oder muss sich vorher noch etwas ändern, damit es sich gut für dich anfühlt? Was solltest du in Bezug auf dieses Bedürfnis loslassen? Was darf stattdessen Neues in dein Leben kommen? Erlaube, dass sich alles zu deinem Wohl entwickeln wird, und beobachte, ob sich die Erscheinung dadurch verändert.
Bitte darum, dass es dir gelingt, selbst die Verantwortung für die Erfüllung dieses Bedürfnisses zu übernehmen, damit du wachsen kannst. Wenn es sich für dich stimmig anfühlt, kannst du sogar dieses nun gewandelte Bedürfnis in Liebe in dein Herz aufnehmen, denn es gehört ja zu dir, es ist ein Teil von dir.
Bedanke dich bei deinem Bedürfnis dafür, dass es sich dir heute hier gezeigt hat, und lasse es dann wieder ziehen.
Nimm nun ein paar bewusste, tiefe Atemzüge, spüre deinen Körper, kreise langsam deine Schultern, und öffne wieder deine Augen.

Nun hast du also eines deiner Bedürfnisse kennengelernt. Doch was bringt dir das in Hinsicht auf deinen Hund? Ich drücke es hier bewusst zunächst einmal ganz radikal aus: Niemand anderes kann dir deine Bedürfnisse dauerhaft und vollständig erfüllen, auch dein Hund nicht. Dazu bist einzig und allein nur du selbst in der Lage. Anders gesagt: Du brauchst keinen Hund, keinen Partner oder sonst jemanden, damit deine Bedürfnisse befriedigt werden. Du brauchst nur DICH! Du trägst alles, was dazu notwendig ist, bereits in dir.

Wenn du dich zum Beispiel nach mehr Nähe und Zuwendung sehnst, überlege einmal, wo du dir selbst nicht genügend Aufmerksamkeit und Fürsorge zuteilwerden lässt. Achtest du genug auf dich? Was wertschätzt du an dir? Kannst du dich, so, wie du bist, liebevoll annehmen?
Oft suchen wir im Außen eine Bestätigung, wenn wir nicht imstande sind, sie uns selbst zu geben. Dann denken wir fälschlicherweise, ein Partner, ein Hund oder neue Kleider könnten uns dabei helfen, unser Bedürfnis zu befriedigen. Das funktioniert aber leider nicht oder nur für kurze Zeit, denn dann wird uns die Leere in uns wieder im vollen Ausmaß bewusst.
Die Erkenntnis jedoch, dass es tatsächlich auch bei dir so sein könnte, ist bereits der erste Schritt zur Annahme des Problems. Mit der intuitiven Energiearbeit kannst du weiter an deinen eigenen Themen arbeiten und sie im besten Fall auch nach und nach bereinigen. Dadurch bist du imstande, auf persönlicher Ebene immer mehr zu reifen, und dein Hund braucht dir nicht mehr so vieles zu spiegeln. Auf diese Weise könnt ihr beide freier und glücklicher miteinander leben.

Das hat er ja noch nie gemacht

Bei Hunden gibt es ganz unterschiedliche Formen von auffälligem Verhalten. Jene, die aus dem Tierschutz kommen, sind manchmal recht ängstlich oder durchaus auch aggressiv. Es kommt vor, dass sie sich unter bestimmten Umständen recht sonderbar verhalten. Die Ursache eines solchen Benehmens liegt natürlich nicht bei dir, aber eventuell passt der Hund mit seiner speziellen Art doch genau zu dir als Hundebesitzer. Hier spielt wieder das Gesetz der Anziehung eine große Rolle.
Manchmal agieren Hunde in bestimmten Situationen urplötzlich ganz anders als gewöhnlich. Sie klauen, zerbeißen oder verstecken Dinge, sie knurren, sind ängstlich, bellen, laufen weg, verkriechen sich oder markieren die Wohnung – und das ohne ersichtlichen Grund.
Zunächst ist es ratsam, das auffällige Verhalten von einem Tierarzt abklären zu lassen, um sicherzugehen, dass keine körperlichen Ursachen zugrunde liegen. Wenn diese jedoch ausgeschlossen wurden, sollte weitergeforscht werden, denn einen Auslöser muss es schließlich geben. Irgendetwas veranlasst den Hund, sein Verhalten so deutlich zu verändern. Woran könnte das also liegen?

Ungewöhnliches Verhalten beim Hund

Eine Bekannte erzählte mir Folgendes: Buddy, ein Labrador in einem schon etwas gesetzteren Alter, sei in den letzten Wochen mehrfach einfach von zu Hause weggelaufen und für mehrere Stunden – trotz größerer Suchaktionen – unauffindbar gewesen. Jedes Mal hätte er dann irgendwann zufrieden vor der Haustür gesessen und wollte hineingelassen werden. Im selben Gespräch vertraute sie mir an, dass ihr derzeit zu Hause oft die Decke auf den Kopf fiele und sie gern wieder arbeiten gehen würde, was aber aufgrund der noch so kleinen Kinder im Augenblick nicht gut möglich wäre. Manchmal, meinte sie, würde sie einfach nur noch wegwollen.

In einem anderen Fall schnappte der eigentlich überaus ruhige und freundliche Familienhund James ganz plötzlich nach seinem Herrchen, als sich dieser neben ihn auf die Couch setzen wollte. Das hatte der Hund noch nie zuvor getan. Zu dieser Zeit gab es in der Ehe gerade massive Spannungen. Die Frau war oft wütend auf ihren Mann, aber nicht imstande, das direkt zu kommunizieren. Diese Aufgabe übernahm dann der Hund für sie.

Diese zwei Beispiele zeigen deutlich, dass uns unsere Hunde manchmal einen Spiegel vorhalten und wir daraus einiges lernen können, wenn wir nur genau hinschauen.
Es gehört schon etwas Mut dazu, sich selbst zu fragen: »Könnte das sonderbare Verhalten meines Hundes etwas mit mir zu tun haben? Lebt er womöglich etwas aus, was ich insgeheim gern machen würde? Beeinflussen ihn meine Gedanken und Gefühle tatsächlich in dem Maße, dass er so reagiert?«

Wenn ich mir erlaube, das ungewöhnliche Verhalten meines Hundes etwas genauer anzuschauen, birgt das eine riesige Chance in sich, meine eigenen Lebensthemen zu erkennen und sie in einem nächsten Schritt auch zu lösen. Dann ist es nicht mehr notwendig, dass der Hund mir mein Thema spiegelt, und wir können alle wesentlich entspannter miteinander leben.

Im ersten Beispiel half übrigens bereits der Besuch eines Volkshochschulkurses, das Gefühl meiner Bekannten, eingeengt zu sein, deutlich zu lindern.
Im zweiten Fall wäre es von vornherein besser gewesen, wenn die Ehefrau in der Lage gewesen wäre, ihre Wut und Unzufriedenheit selbst zum Ausdruck zu bringen, denn dann hätte es nicht der Hund für sie tun müssen.

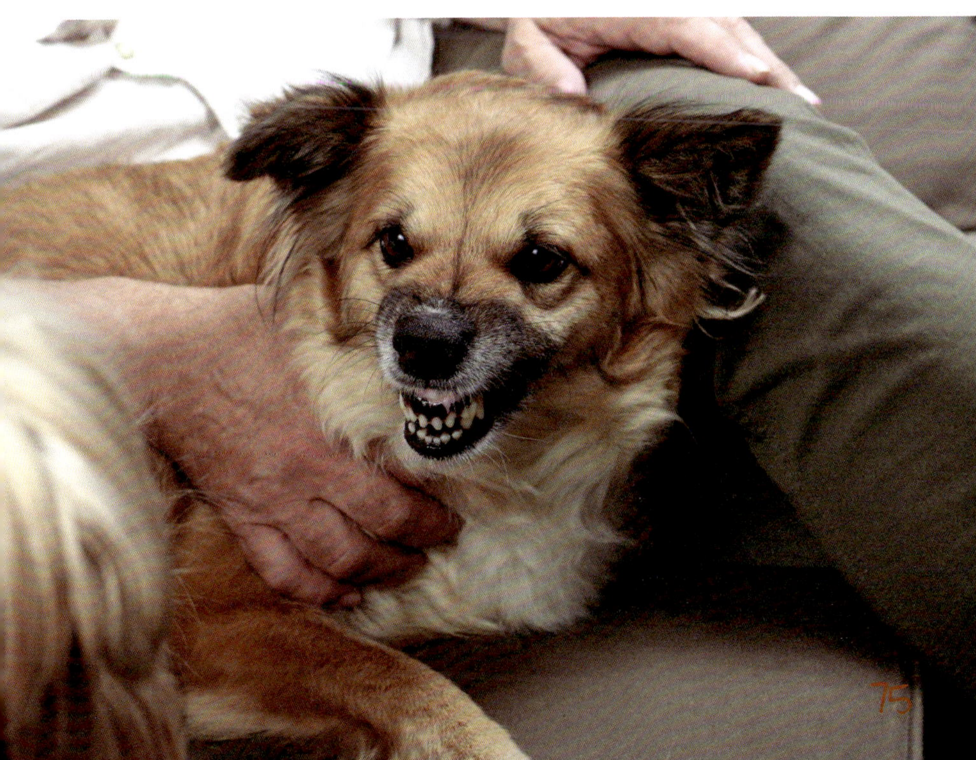

Warum verhält sich mein Hund so?

Hunde haben ein unglaublich feines Gespür für Situationen und Interaktionen. Sie bemerken kleinste Nuancen in der Körpersprache und sind uns auch bei der Wahrnehmung auf feinstofflicher Ebene weitaus überlegen. Ich kann mir gut vorstellen, dass es für Hunde völlig unverständlich ist, was ihre Menschen alles nicht wahrnehmen können. Durch seine enge Verbindung zum Menschen spürt ein Hund sofort, was seine Bezugsperson jetzt braucht, auch wenn es ihr selbst nicht bewusst ist, und versucht, ihr das dann zu geben. Er spiegelt somit menschliche Bedürfnisse und auch entsprechende Gedanken. Darüber hinaus richtet er sich immer nach dem Menschen aus, auch wenn es nicht seinen eigenen Interessen entspricht.

Hier nun also als Denkanstoß verschiedene Ursachen, die dem Verhalten deines Hundes zugrunde liegen könnten.

Wenn dein Hund sich merkwürdig verhält, dann möchte er dich vielleicht darauf aufmerksam machen, dass etwas nicht stimmig ist. Gibt es eventuell Probleme in deiner Partnerschaft oder innerhalb deiner Familie? Er spürt auch ganz genau, wenn du etwas lebst, was dir nicht guttut, zum Beispiel im Job, oder wenn du in bestimmten Lebenssituationen gegen deine tiefe innere Überzeugung handelst.

Bekommt dein Hund zu viel Aufmerksamkeit, wird er einen Weg finden, sich dieser zu entziehen. Sollte er zu wenig erhalten, wird er sie auf die eine oder andere Art einfordern. Sei dir bewusst, dass auch negative Aufmerksamkeit, zum Beispiel in Form von Bestrafung, dazuzählt. Er könnte auch resignieren und antriebslos oder gar lethargisch werden.

Seit einiger Zeit beobachte ich, dass es die sogenannten Helikopter-Eltern tatsächlich auch in Bezug auf Hunde gibt. Damit meine ich jene Menschen, die von einem Hundekurs zum nächsten hetzen, alle möglichen Sportarten mit ihren Tieren ausprobieren, an ihnen verschiedene Ernährungsformen austesten und ständig mit ihnen beim Tierarzt sind. Hier liegt der Fokus der Halter stark auf dem Hund, und der Hund selbst kann dadurch gar nicht mehr zur Ruhe kommen. Das stresst manche Tiere enorm, und sie können deshalb Ticks entwickeln.

Dann gibt es Hunde, die ganz genau deine Probleme spüren und daraufhin so handeln, wie du es gern tun würdest. Das zeigen die Beispiele am Anfang des Kapitels.

Dein Hund kann dir mit seinem Verhalten deine unbewussten Bedürfnisse und deine Gefühle spiegeln. Bist du zum Beispiel sehr ängstlich, und dein Hund ist es auch? Oder hegst du eine unterschwellige Wut, und dein Hund reagiert aggressiv?

Das Verhalten deines Hundes kann auch darin begründet liegen, dass er nicht imstande ist, die Signale, die du ihm gibst, richtig zu verstehen und folglich umzusetzen. Das passiert, wenn du ihm gegenüber unklar bist, du zum Beispiel immer wieder unterschiedliche Wörter oder Kommandos für dieselbe Aktion, die du von ihm erwartest, verwendest, wie: »Sitz!«, »Setze dich hin!«, »Ich habe dir doch gerade gesagt, dass du dich setzen sollst!«

Oder deine Körpersprache ist nicht eindeutig. Du sagst ihm beispielsweise, dass er mit dir mitkommen soll, aber deine Haltung drückt aus: »Wir bleiben stehen.« Da Hunde äußerst aufmerksame Beobachter sind, weiß er einfach nicht, was du von ihm willst.

Es kann auch ziemlich verwirrend für einen Hund sein, wenn er etwas tun darf, es ihm das nächste Mal in genau der gleichen Situation aber verboten wird. Aufgrund mangelnder Konsequenz fehlt ihm die Sicherheit und Verlässlichkeit in eurer Beziehung.

Des Weiteren gibt es Hunde, die in der Vergangenheit schlechte Erfahrungen gemacht haben und dann durch ein bestimmtes Verhalten getriggert, also an diese Situationen erinnert werden und entsprechend reagieren.

Hast du dich oder deinen Hund in dem einen oder anderen Punkt wiedergefunden? Dann ist es jetzt an der Zeit, noch genauer hinzuschauen und auf eine Lösung zuzusteuern.
Wie kannst du nun herausfinden, welche Ursachen hinter dem sonderbaren Benehmen deines Hundes stecken und ob es vielleicht etwas mit dir zu tun hat? Eine offene und neugierige Einstellung ist hierbei dienlich, um ganz wertfrei zu empfangen, was er dir damit mitzuteilen versucht.
Hierzu die folgende Übung.

ÜBUNG: Die Ursache des Verhaltens erforschen

Stimme dich ein, und begib dich auf deine innere Wiese. Bitte dann deinen Hund, ebenfalls dazuzukommen. Rufe dir deine Absicht ins Gedächtnis, die Hintergründe und Ursachen zu erfahren, die zu dem auffälligen Verhalten deines Hundes geführt haben.

Beobachte nun die Bilder, die wie von selbst in deinem Kopf entstehen. Ist es vielleicht eine Szene, in der sich das spezielle Gebaren zeigt? Nimm dabei zunächst deine eigenen Gefühle wahr und danach auch die deines Hundes. Hörst du vielleicht sogar Wörter oder Sätze? Gib dir genügend Zeit, damit sich die Situation entwickeln kann.

Frage nach, was du eventuell noch alles wissen solltest, um einen guten Überblick über die ganze Situation zu bekommen. Du kannst deine Fragen direkt an deinen Hund richten oder sie auch in den Raum hinein stellen. Fahre so lange damit fort, bis du den Eindruck hast, dass du jetzt deutlich besser Bescheid weißt, warum dein Hund sich so verhält. Achte darauf, ob du dabei auch etwas über dein eigenes Zutun und deine eigenen Gefühle erfährst. Bleibe ganz offen, und versuche, nicht zu bewerten.

Dann bedanke dich bei deinem Hund, und entlasse ihn von der Wiese. Nimm daraufhin einen tiefen Atemzug, öffne deine Augen, und komme wieder ins Hier und Jetzt zurück.

Nun hast du also einen Eindruck gewonnen, was der Ursprung des auffälligen Verhaltens deines Tieres sein könnte. Solltest du noch keine konkreten Informationen dazu erhalten haben, sei nicht enttäuscht. Auch hier brauchen die Dinge manchmal einfach ihre Zeit und auch etwas Übung. Probiere es zu einem späteren Zeitpunkt noch einmal, und stelle dabei sicher, dass du entspannt und eine Weile ganz ungestört bist.

Das unerwünschte Verhalten als Geschenk

Falls du jetzt ahnst, selbst der Verursacher des Problems zu sein, dann plagt dich wahrscheinlich ein schlechtes Gewissen. Dabei geht es hier überhaupt nicht darum, in dir Schuldgefühle hervorzurufen. Stattdessen wünsche ich mir für dich, dass du hinter dem unerwünschten Verhalten deines Hundes das Geschenk erkennst, das er dir damit macht: die Chance zur Veränderung. Wenn dir das gelingt, kannst du dich direkt auf eine Lösung hin ausrichten und euer beider Leben grundlegend verbessern, es leichter und erfüllter gestalten. Später kannst du dann einmal voller Dankbarkeit auf diese Situation zurückblicken, die sich im Augenblick noch recht schwierig gestaltet.

Vielleicht denkst du jetzt: »Was soll denn das Geschenk dahinter sein, wenn mein Hund zum Beispiel aggressiv ist und auf andere Hunde losgeht?« Wenn wir davon ausgehen, dass er immer unmittelbar auf deine Gedanken, Gefühle oder Signale reagiert, ist es durchaus möglich, dass du in einem Bereich deines Lebens eine gewisse Wut oder Unzufriedenheit empfindest, die dir gar nicht bewusst ist. Sofern du dieses

Gefühl nicht zum Ausdruck bringst, ist die Wahrscheinlichkeit hoch, dass es sich an einer bestimmten Stelle deines Körpers zusammenballt und du vielleicht sogar deswegen krank wirst. Dein Hund weist dich also darauf hin, dass du gerade Gefahr läufst, körperliche Symptome zu entwickeln. Das Geschenk wäre demzufolge die Chance, eine etwaige Krankheit durch das Erkennen der unmittelbaren Zusammenhänge zu verhindern. Die Erkenntnis ist dabei der erste Schritt. Des Weiteren braucht es dann noch eine aktive Handlung von deiner Seite aus.
Das könnte in diesem Fall sein, dass du deine Wut oder Unzufriedenheit auch verbal der entsprechenden Person gegenüber klar und deutlich zum Ausdruck bringst.
Bist du bereit für diese Veränderung?

ÜBUNG: In die Lösung gehen

Stimme dich ein, und begib dich mit deinem Hund auf deine innere Wiese. Fokussiere dich dieses Mal darauf, die Ursache des sonderbaren Verhaltens so wahrzunehmen, dass sie tatsächlich auch gelöst werden kann. Dann lasse Bilder, Gefühle oder Worte entstehen, die dir einen guten Eindruck der Situation vermitteln. Dieser Eindruck kann sich durchaus zu dem aus der vorherigen Übung unterscheiden.

Bitte nun darum, dass jede Veränderung, die nun eintreten wird, zu euer beider Wohl geschieht. Frage dich, welche Energien jetzt gehen dürfen und welche Gedanken und welche Verhaltensmuster ab jetzt nicht mehr gebraucht werden. Wenn du ganz konkret etwas wahrnimmst, dann gib die Erlaubnis, dass es jetzt gehen darf. Unterstütze dieses Entlassen mit einem tiefen Ausatmen.

Falls du keine genauen Informationen bekommst, was sich ändern sollte, dann bleibe im Vertrauen, dass genau das Richtige auf energetischer Ebene geschehen wird, sobald du die Erlaubnis dazu erteilt hast. Sage oder denke also: »Auch wenn ich nicht genau weiß, was das Richtige ist, so gebe ich dennoch die Erlaubnis, dass das Bestmögliche für diese Situation nun geschehen kann.« Häufig beginnt das Bild, sich dann bereits wie von selbst zu verändern. Beobachte einfach, was geschieht. Die Veränderung kann bei deinem Hund, bei dir oder bei euch beiden geschehen.

Sollte dies nicht der Fall sein, dann nutze deine Fantasie, und entferne alle Energien, die der Situation nicht zuträglich sind – ganz egal, wie sie sich dir auch darstellen –, mit den passenden Hilfsmitteln. Das kann ein Sturm sein, der etwas wegbläst, ein kosmischer Sauger, der etwas einsaugt, oder ein Hammer, der etwas zertrümmert.

Sobald auf diese Weise alles Hinderliche entfernt worden ist, beginne, neue, heilsame und hilfreiche Energie einfließen zu lassen. Gib auch hier einfach die Erlaubnis dazu: »Auch wenn ich nicht weiß wie, erlaube ich, dass diese Situation sich zu unser beider Wohl entwickeln kann.« Wenn sich nun alles von allein zu wandeln beginnt, beobachte einfach, was geschieht. Sollte deine Unterstützung benötigt werden, dann lasse mithilfe deiner Fantasie neue Aspekte in die Situation einfließen, zum Beispiel Vertrauen, Liebe, Sicherheit, Unterstützung, Freiheit oder auch etwas ganz anderes.

Dann frage nach, ob es noch etwas anderes braucht, um die Situation zu verbessern. Solltest du den Impuls bekommen, dass noch mehr Energie notwendig ist, so folge ihm. Falls es sich im Moment aber gut und stimmig anfühlt, dann bedanke dich bei deinem Hund, entlasse ihn von der Wiese, und komme mit deiner Aufmerksamkeit wieder ins Hier und Jetzt zurück.

Manche Verhaltensmuster sind nicht mit einer einzigen Energiearbeit aufzulösen. Das kann daran liegen, dass sie vielschichtiger sind als zu Beginn vermutet. In diesem Fall ist es sinnvoll, die Energiearbeit ein paar Tage nachwirken zu lassen und erst danach wieder in das Thema hineinzuspüren. So können nach und nach die einzelnen »Zwiebelschalen« abgelöst und verändert werden.

Besonders behutsam solltest du vorgehen, wenn du einen auffälligen Hund von Vorbesitzern oder aus dem Tierschutz übernommen hast, da du nicht genau wissen kannst, was er bereits alles erlebt hat. Vielleicht hast du den Eindruck, dass er sich irgendwie sperrt oder gar nicht auf deine innere Wiese kommen möchte. Lasse ihm dann ruhig die Zeit, die er benötigt, und nimm einfach immer wieder einmal in entspannten Situationen intuitiven Kontakt zu ihm auf. Bitte ihn, dir zu zeigen, was du wissen solltest. Frage ihn, wie du ihm helfen kannst. Zeit, Geduld und Beharrlichkeit sind hier gefragt.

Fragst du dich, wie du selbst an den Themen arbeiten kannst, die sich dir durch deinen Hund gezeigt haben?
Wenn du das Buch bis hierher gelesen hast, dann hast du bereits einige unterschiedliche Arten der intuitiven Energiearbeit kennengelernt. Diese sind zwar in erster Linie auf Hunde ausgerichtet, aber sie lassen sich durchaus auch auf uns Menschen übertragen. Bei der Energiearbeit bittest du dann eben statt deines Hundes dich selbst auf die innere Wiese. Du kannst dabei auch eine andere Ausgangsposition wählen: statt der Wiese vielleicht eine Theater- oder Kinobühne, von der aus du mit deiner Energiearbeit beginnst. Du kannst dahin gehend ganz deiner Intuition folgen und dann entsprechend der drei Schritte der intuitiven Energiearbeit vorgehen (S. 36).

Manchmal ist es auch sinnvoll, sich von guten Therapeuten oder energetischen Heilern unterstützen zu lassen, wenn ein Thema zu komplex oder zu emotional sein sollte, um es allein anzuschauen.

Körperliche Symptome

WICHTIG: Wenn dein Hund körperliche Symptome zeigt, die auf eine Krankheit hinweisen, dann lasse das bitte unbedingt von einem Tierarzt abklären und, wenn nötig, behandeln!

Neben den Verhaltensauffälligkeiten, die wir uns angesehen haben, kann es auch sein, dass dein Hund körperliche Symptome zeigt und sogar richtig krank wird. Als Unterstützung und Begleitung zur Behandlung des Tierarztes oder des Tierheilpraktikers kann hier die Anwendung von intuitiver Energiearbeit sehr wirkungsvoll sein, da sich durch sie die Ursachen der Erkrankung näher beleuchten lassen.
Es gibt eine Vielzahl an Gründen für Erkrankungen bei Hunden. Im Folgenden möchte ich die schulmedizinische Sichtweise außen vorlassen und allein auf die feinstoffliche, energetische Ebene eingehen.

Wie schon erwähnt, besteht eine Möglichkeit darin, dass der Hund dir mit seiner Erkrankung etwas spiegeln möchte, und eine zweite, dass er dir einen Teil deiner eigenen Erkrankung abnehmen will, damit es dir besser geht. Beides geschieht freiwillig und unbewusst vonseiten des Hundes.
Sollte dein Hund eine Allergie entwickelt haben, lohnt sich die Energiearbeit besonders, da du durch diese erkennen kannst,

ob die Allergie etwas mit dir zutun hat. Auf was reagierst du allergisch – durchaus auch im übertragenen Sinn?
Natürlich kann es auch geschehen, dass dein Tier »einfach so« einmal krank wird oder vielleicht einen Unfall hat. In diesem Fall lässt sich der Heilungsprozess mit intuitiver Energiearbeit ebenfalls gut unterstützen.

Der Hund spiegelt dir deine Symptome

Du hast bereits die energetische Sichtweise der Entstehung von Krankheiten kennengelernt. Hunde mit ihrem feinen Gespür für Schwingungen und veränderte Energien merken noch viel früher als du selbst, wenn sich bei dir eine Erkrankung anbahnt. Diese Fähigkeit ist nur zum Teil mit dem außerordentlich guten Geruchssinn zu erklären und wird bereits ganz gezielt eingesetzt. So können sogenannte Assistenzhunde die Über- oder Unterzuckerung bei Diabetikern erkennen. Besonders begabte Tiere werden als Epilepsie- oder Asthmawarnhunde eingesetzt, und andere sind sogar dazu fähig, auf Krebs hinzuweisen.

Des Weiteren gibt es eine große Anzahl an Berichten von Hunden, die nach einer Erkrankung ihres Menschen ganz ähnliche Symptome wie dieser ausbilden. Das kann kein Zufall sein.

Unser gesamtes menschliches Energiesystem ist so eingerichtet, dass wir kleine Warnsignale erhalten, wenn wir über längere Zeit hinweg nicht förderliche Gedanken und Gefühle hegen. Leider bemerken wir diese ersten Hinweise oft nicht oder messen ihnen keine große Bedeutung bei. Ein leichtes Ziehen hier oder ein Zwicken dort, das aber oft schnell wieder verschwindet, und schon denken wir nicht mehr daran. Wenn wir aber nicht verstehen, was uns das Warnsignal eigentlich sagen möchte und wir unsere Gedanken nicht in eine liebevollere Richtung uns selbst gegenüber verändern, lässt die nächste Warnung nicht lange auf sich warten. Diese Signale werden dann im Laufe der Zeit immer deutlicher. Dazu gibt es einige empfehlenswerte Bücher, die aufzeigen, welche Gedankenmuster sich hinter bestimmten Symptomen verbergen können.* Irgendwann könnte es also so weit sein, dass sich eine »richtige« Erkrankung zeigt, dass ein Symptom dauerhaft bleibt. Solltest du auch an diesem Punkt nicht versuchen, die Ursache hinter der Erkrankung zu erkennen und zu lösen, kommt dein Hund ins Spiel. Er ist sozusagen dein ausgelagertes Alarmsignal. Er zeigt dir mit seiner eigenen Erkrankung auf, dass es jetzt wirklich höchste Zeit ist, dich mit den Ursachen deiner Krankheit auseinanderzusetzen. Denn wenn es unserem Hund nicht gut geht, sind wir oft viel schneller in Alarmbereitschaft, als wenn es uns selbst betrifft.

Wir können das Ganze mit einem verstopften Abfluss vergleichen. Das Symptom ist demzufolge, dass sich plötzlich Wasser im Waschbecken ansammelt. Anfangs fließt es nur manchmal schlecht ab, doch irgendwann ist der Abfluss dann komplett verstopft. Jetzt könntest du natürlich jedes Mal das Wasser abschöpfen, aber das Problem bliebe so bestehen. Nachhaltig lösen kannst du es nur, wenn du effektiv die Ursache des Symptoms beseitigst. Erst wenn der Abfluss von der Verstopfung zur Gänze befreit ist, wird sich auch das Symptom nicht mehr zeigen.

---

* *Siehe Literaturhinweise, S. 126.*

Mit Sicherheit sind nicht alle Erkrankungen so leicht erklärbar, denn manches ist doch weitaus komplexer. Das Bild des verstopften Abflusses vermittelt aber einen guten Eindruck, wie unser Energiesystem überhaupt funktioniert, und zeigt dir auf, dass du durchaus auch positiv darauf einwirken kannst.

Der Hund nimmt dir Belastendes ab

Ein weiterer Hintergrund für eine Erkrankung bei deinem Hund ergibt sich daraus, dass er dir möglicherweise eine Last abnehmen möchte. Durch die besonders enge Bindung zwischen Hund und Mensch und die außerordentliche Feinfühligkeit des Hundes spürt dieser genau, wenn du dich gerade in einer Situation befindest, in der du zu viele Lasten tragen musst. Das können sowohl schwierige Situationen psychischer als auch physischer Natur sein. Ganz einfach ausgedrückt, möchte der Hund einzig und allein, dass es seinem Menschen immer gut geht.

Du hast bestimmt bereits in den Übungen davor die Herzensverbindung zwischen euch wahrnehmen können und die Liebe gespürt, die vonseiten des Hundes zu dir fließt. Darüber hinaus bist du in den Augen des Hundes auch noch ranghöher und für die Führung des Rudels äußerst wichtig, deshalb sollst du aus seiner Sicht unbedingt gesund und stark sein. Vor diesem Hintergrund ist es also leicht nachvollziehbar, dass dein Hund dir freiwillig und ohne dein Zutun energetische Lasten abnimmt – auch wenn das für ihn bedeuten sollte, dadurch krank zu werden.

Mit den folgenden, aufeinander aufbauenden Übungen kannst du mit dem körperlichen Symptom deines Hundes in Kontakt kommen, um Zusammenhänge besser zu erkennen und zu lösen. Zunächst einmal starten wir mit der Bestandsaufnahme: dem Wahrnehmen der aktuellen Situation.

ÜBUNG: Die körperlichen Symptome beim Hund wahrnehmen

Stimme dich in Ruhe ein, und bitte deinen Hund, zu dir auf deine innere Wiese zu kommen. Formuliere dann klar deine Absicht: »Das körperliche Symptom meines Hundes und die energetischen Ursachen mögen sich mir heute zeigen.«

Nun nimm mit deinen intuitiven Sinnen wahr, wie sich dir dein Hund darstellt. Dann schaue dir den Körperbereich, in dem sich dir das Symptom zeigt, etwas genauer an. Wie nimmst du ihn wahr? Stelle dir vor, du verfügst über einen Röntgenblick und kannst immer näher heranzoomen, sodass du die Einzelheiten erkennst, die du für die folgende Energiearbeit wissen musst. Bitte darum, dass sich dir alles offenbart, was du für die Unterstützung deines Hundes benötigst. Deine Wahrnehmung geht dabei immer mehr ins Detail. Du benötigst dafür im Grunde keine umfassenden anatomischen Kenntnisse. Wenn es für dich allerdings hilfreich ist, kannst du dir im Vorfeld einen Anatomieatlas oder entsprechende Abbildungen aus dem Internet bereitlegen. Dabei ist es durchaus möglich, dass du während der intuitiven Energiearbeit an ganz andere Stellen des Körpers geführt wirst, als du es verstandesmäßig erwartet hast. Vertraue ganz deinen Eingebungen.

Häufig kommt es vor, dass man – bedingt durch die intuitive Verbindung auf geistiger Ebene – plötzlich auch am eigenen Körper ein Ziehen, Wärme, Kälte, eine leichte Übelkeit oder Kopfschmerzen verspürt, eben genau dieselben Symptome, die auch der Hund hat. Du wirst aber gleich wahrnehmen, dass es sich doch etwas anders anfühlt, als wenn es sich tatsächlich um deine eigenen Schmerzen handeln würde. Sei ganz unbesorgt, diese Empfindungen verschwinden nach der Energiearbeit auch sofort wieder, denn sie zeigen dir lediglich das auf, was du im Moment wissen musst, um deinem Hund helfen zu können.

Hinsichtlich dieser Bestandsaufnahme kann es nützlich sein, wenn du dir deine Wahrnehmungen möglichst genau und mit Datum notierst, um dann später, wenn du diese Übung wiederholst, einen entsprechenden Vergleich zu haben.

Jetzt folgen die nächsten Schritte der intuitiven Energiearbeit: das Lösen der alten und das Hinzufügen der neuen Energien.

ÜBUNG: Die Ursachen der körperlichen Symptome lösen

Solltest du bereits einen klaren Impuls haben, welche Energien sich auflösen dürfen, dann gib die Erlaubnis, dass dies jetzt geschehen kann. Falls sich dir noch nicht klar zeigt, um welche Aspekte es sich handelt, dann erlaube ebenfalls, dass sich die Ursachen für die körperlichen Symptome bei deinem Hund jetzt lösen und verabschieden können. Beobachte und spüre, was sich im Folgenden bei deinem Hund und auch bei dir verändert.
Füge nun abschließend all das als Unterstützung hinzu, was deinem Hund zuträglich und in der momentanen Situation hilfreich ist. Solltest du konkrete Eingebungen haben, was dafür benötigt wird, gib diese aktiv in die Situation hinein. Solltest du dir nicht sicher sein, was dafür notwendig ist, bitte einfach darum, dass all jenes hinzugefügt wird, was dem Wohl aller und speziell dem Wohl deines Hundes dient.
Beobachte und fühle, was weiter geschieht. Welche förderlichen Qualitäten und Energien werden hinzugefügt?
Du kannst auch alle gesunden Zellen im Körper deines Hundes bitten, die erkrankten darüber zu informieren, wie eine gesunde Zelle funktioniert. Vielleicht hört sich das etwas sonderbar für dich an, ich habe damit aber bereits gute Erfahrungen gemacht.

Die Notizen, die du dir hierzu machst, können sich später als aufschlussreich erweisen.

Im letzten Teil der Übungsabfolge geht es nun darum, mögliche Anteile von dir selbst an der Situation zu erkennen, hinderliche Energien zu entlassen und neue, förderliche Qualitäten hinzuzufügen.

ÜBUNG: Die Zusammenhänge erkennen

Bitte darum, dass sich ein möglicher Anteil von dir an dieser Situation nun zeigt. Rufe dir ins Bewusstsein, dass du keine Schuld an der Krankheit deines Hundes trägst. Du bist aber in der Lage, ganz konkret etwas dafür zu tun, dass sich die energetischen Ursachen lösen können.

Nimmst du energetische Verbindungen wahr, die mit der Erkrankung deines Hundes zu tun haben? Vielleicht erkennst du bestimmte Situationen, die in direktem Zusammenhang mit dem Leiden deines Hundes stehen. Möglicherweise hast du auch nur ein vages Gefühl, oder du weißt einfach, dass da etwas ist, ohne es genau definieren zu können. Das alles ist völlig in Ordnung, denn es geht an dieser Stelle allein um das Wahrnehmen, nicht darum, etwas zu bewerten, und schon gar nicht darum, etwas zu rechtfertigen.

Beginne nun, dir deine eigenen Anteile an der Situation anzuschauen. Sollte sich das jedoch für dich noch nicht stimmig anfühlen, dann warte lieber ein paar Tage ab, bevor du das in Angriff nimmst. Manchmal muss man sich erst einmal mit dem Gedanken anfreunden, dass das Problem des Hundes auch etwas mit einem selbst zu tun haben kann.

Wenn du so weit bist, nimm zunächst ganz entspannt wahr, welche deiner Energien oder Aspekte nicht stimmig sind, und bitte dann darum, dass sie entlassen werden. Es ist nicht notwendig, dass du konkret etwas wahrnimmst. Gib einfach die Erlaubnis, dass alles, was der Genesung deines Hundes zuträglich ist, geschehen darf. Füge daraufhin die

Qualitäten hinzu, die für eine positive Entwicklung sowohl für dich als auch für deinen Hund förderlich sind. Nutze deine Fantasie, um sie in die Situation einfließen zu lassen.

Es ist durchaus sinnvoll, diese Übungsabfolge immer wieder einmal durchzuführen, da sich die Ausgangssituation durch die Energiearbeit verändern wird und sich häufig immer weitere Aspekte der Erkrankung zeigen. Mit jedem Durchgang schälst du mehr und mehr Schichten ab, bis du zum Kern des Themas vordringst. Lasse dich dabei ganz von deiner Intuition leiten, und mache die Übungen immer dann, wenn du den Ruf dazu verspürst.

Lucy

Während ich dieses Kapitel zu Papier brachte, erkrankte meine Hündin Lucy. Ihre Nierenwerte waren plötzlich sehr schlecht, und sie musste einige Tage in der Tierklinik verbringen, wo sie Infusionen bekam. Natürlich wollte ich sie energetisch unterstützen und auch bei mir und in meiner Familie all das lösen, was ihrer Genesung im Weg stand. Aber das ging nicht.

In den ersten Tagen konnte ich überhaupt keinen Kontakt zu ihr herstellen. Es fühlte sich an, als wäre sie in einer Art Luftballonhülle, die ich einfach nicht durchdringen konnte. Ich war richtig verzweifelt, weil ich ihr beim besten Willen nicht helfen konnte. Und dann kamen noch diese quälenden Gedanken dazu: Stand es mir überhaupt zu, ein Buch über intuitive Energiearbeit mit Hunden zu schreiben, wenn ich es selbst nicht einmal schaffte, meinem eigenen Tier in solch einer kritischen Lage beizustehen?

Am dritten Tag bekam ich dann endlich Kontakt zu ihr. Sie stand tatsächlich auf der inneren Wiese, und es gelang mir, richtig gut und intensiv mit ihr zu arbeiten. Endlich zeigten sich auch meine eigenen Themen, und ich konnte sie mir ansehen und an ihnen arbeiten. Oftmals ist es bereits ausreichend, die Themen einfach einmal anzunehmen, ohne gleich etwas verändern zu wollen, um eine Verbesserung beim Hund zu erzielen.

Tatsächlich begannen sich dann ab dem nächsten Tag, ihre Werte nach und nach zu stabilisieren. Lucy selbst ging es aber nach wie vor sehr schlecht, sodass wir sie – gegen den Rat der Ärzte – zu uns nach Hause holten. Denn wir wollten auf keinen Fall, dass sie ihre letzten Tage einsam in der Klinik verbringen musste. In dieser Nacht sah es dann auch wirklich so aus, als würde sie uns für immer verlassen. Ich hatte noch immer einen ganz intensiven Kontakt zu ihr und habe zu ihr gesagt, dass ich sie ziehen lassen würde, wenn ihre Zeit gekommen sei. Wenn sie aber noch bereit wäre, zu kämpfen, bekäme sie von mir und der ganzen Familie jede Unterstützung, die wir möglich machen könnten. Durch diese Ausnahmesituation, die uns alle sehr gefordert hat, kamen einige Themen innerhalb der Familie zur Sprache, die dann geklärt werden konnten.

Heute, nur drei Wochen später, geht es unserer Lucy wieder richtig gut. Sie frisst, ist total fit und verspielt, und ihre Nierenwerte sind auf einem guten Weg. Ob wirklich alles völlig ausheilen wird, ist fraglich, aber ich bin unendlich dankbar für jeden Tag, der uns mit ihr verbleibt.

Special: Handauflegen

Gerade bei körperlichen Symptomen ist eine weitere Form der Energiearbeit äußerst wirkungsvoll: das Handauflegen. Hierbei lässt du die kosmische, göttliche Energie einfach durch deine Hände zur betreffenden Körperstelle deines Hundes fließen. Du dienst sozusagen als Kanal, was bedeutet, dass nicht du selbst entscheidest, wo und was im Folgenden geschieht. Stattdessen gibst du ganz bewusst und voller Vertrauen diese Entscheidung an eine höhere Instanz ab und bittest sie darum, dass diese lichtvolle Energie zum höchsten Wohl des Tieres eingesetzt wird.
Im Übrigen geschieht nichts anderes, wenn du ein Kind tröstend in die Arme nimmst, nachdem es sich zum Beispiel das Knie aufgeschlagen hat. Und auch bei uns selbst legen wir instinktiv unsere Hände auf eine schmerzende Stelle, um uns so Linderung zu verschaffen.
Probiere das Handauflegen doch einfach einmal bewusst aus.

ÜBUNG: Heilende Hände

Schließe deine Augen, und nimm ein paar tiefe Atemzüge. Gehe mit deiner Aufmerksamkeit zu deinem Kronenchakra, dem Energiezentrum, das eine Handbreit oberhalb deines Scheitels liegt. Stelle dir vor, dass es sich wie eine Blüte öffnet und feine Lichtfäden daraus aufsteigen – immer schneller, immer höher, bis in den Himmel und noch weiter bis ins Universum. Dort verbinden sich die Fäden mit der kosmischen, universellen Energie, der göttlichen Schöpferkraft.

Nimm wahr, wie diese Energie durch die Lichtfäden direkt zu dir fließt. Bitte darum, dieser Energie als Kanal dienen

zu dürfen, und sieh zu oder fühle, wie sie durch deinen ganzen Körper strömt, durch deine Arme hindurch bis hin zu deinen Händen. Spürst du Wärme, Kälte oder vielleicht ein Kribbeln?
Nun gib die Erlaubnis, dass diese wohltuende Energie durch deine Hände hindurch zu deinem Hund fließt. Lege dafür deine Hände, eventuell auch nur eine Hand, intuitiv auf eine Stelle am Körper deines Tieres. Lasse dich dabei einfach führen, und vertraue darauf, dass diese Stelle genau die richtige ist. Vielleicht kannst du sogar unmittelbar spüren oder sehen, wie die Energie jetzt in den Körper deines Hundes einfließt und sich dort überall ausbreitet und verteilt. Sei gewiss, dass sie auch genau dorthin fließt, wo sie am dringendsten benötigt wird.
Bleibe in dieser Position, bis du das Gefühl hast, dass es gut ist. Es kann aber auch sein, dass dein Hund nach einiger Zeit einfach aufsteht und geht, denn er hat ein sehr gutes Gespür dafür, wann es genug ist.
Beende die Energiearbeit, indem du dich dafür bedankst, ein Kanal für die kosmische, universelle Energie gewesen sein zu dürfen. Gehe zum Abschluss mit deiner Aufmerksamkeit ganz bewusst zu deinen Füßen, und nimm wahr, dass du fest auf dem Boden stehst, du sicheren Halt hast und gut geerdet bist.

Während du bei dieser Art der Energiearbeit dich selbst sowie deine persönlichen Wünsche und Vorstellungen ganz zurücknimmst und nur geschehen lässt, kann es sein, dass du auch spezielle Informationen über die körperlichen Symptome deines Hundes bekommst. Du hörst, siehst, spürst oder weißt ganz einfach auf einmal Details über den Zustand deines Hundes. Diese Hinweise kannst du dann bei deiner nächsten intuitiven Energiearbeit nutzen, um zu einem positiven Ergebnis für deinen Liebling zu gelangen. Wichtig beim Handauflegen ist, dass du es schaffst, dein Ego möglichst ganz außen vor zu lassen und darauf zu vertrauen, dass genau das Richtige geschehen wird.

Du kannst das Handauflegen auch sehr gut mit deiner intuitiven Energiearbeit kombinieren, indem du einfach Energie fließen lässt, während du auf geistiger Ebene ganz bewusst wahrnimmst.

Am Ende eines Hundelebens

Auch wenn wir wissen, dass Hunde eine kürzere Lebenserwartung als wir selbst haben, ist es dennoch äußerst schmerzhaft, wenn der Zeitpunkt gekommen ist, sie gehen lassen zu müssen. In einer solchen Situation kannst du dein Tier ebenfalls mit intuitiver Energiearbeit unterstützen. Zudem erlangst du durch sie die nötige Klarheit, um eventuell anstehende Entscheidungen treffen zu können.
Mit der folgenden Energiearbeit bist du in der Lage, deinem Hund einen wertvollen Dienst zu erweisen. Denn es geht vor allem darum, ihm einen würdevollen Abschied zu ermöglichen und ihm seinen letzten Weg so angenehm und liebevoll wie möglich zu gestalten. Nimm sie nur als Anregung, und gestalte sie ganz persönlich, indem du deiner Intuition folgst.

DER LETZTE DIENST: Ein Abschied in Würde

Stimme dich ein, und bitte deinen Hund, auf die innere Wiese zu kommen. Wie nimmst du ihn wahr? Bitte ihn, dir zu zeigen, was er jetzt am meisten benötigt.
Gib ihm ausdrücklich deine Erlaubnis, gehen zu dürfen, wenn seine Zeit gekommen ist, auch wenn es dich über alle Maßen schmerzt. Sei dir bewusst, dass, wenn du ihn innerlich nicht gehen lässt, er sich immer weiter bemühen wird, bei dir zu bleiben, auch wenn er dabei leidet. Also erlaube ihm bitte, in seiner Zeit alles loszulassen. Du kannst dich bei ihm auch für all die wertvollen Momente bedanken, die ihr miteinander im Laufe der Zeit erlebt habt, und ihm das Beste für seine Reise wünschen.
Auf der Wiese kannst du ihn fragen, ob für ihn der Zeitpunkt, zu gehen, gekommen ist, und ob er dafür die Unterstützung durch Medikamente von einem Tierarzt haben möchte.
Denn für uns Menschen ist es unbeschreiblich schwer, solche Entscheidungen zu treffen, wenn es um ein geliebtes Wesen geht. Da ist es eine große Hilfe, intuitiv zu erfahren, was der Hund selbst möchte.
Nachdem du deinen Liebling gehen lassen musstest, kannst du mit ihm dennoch jederzeit in Kontakt kommen, indem du ihn auf der geistigen Ebene auf die Wiese bittest. Denn auch, wenn sein Körper nicht mehr am Leben ist, bleibt er dennoch das geistige Wesen, das er schon immer war und immer sein wird. Nimm wahr, wie leicht und befreit dein Hund dir erscheint, wie glücklich er ist, und finde darin Trost und Kraft.

Weitere wertvolle Tipps und Übungen

Die intuitive Energiearbeit ist so vielseitig, dass es noch zahlreiche andere Bereiche gibt, in denen sie dich im Alltag mit deinen Tieren unterstützen kann.

Ein neuer Hund soll in dein Leben kommen

Wenn du den Entschluss getroffen hast, einen Hund bei dir aufzunehmen, hast du sicherlich bereits zahlreiche Überlegungen angestellt. Soll es beispielsweise ein Rasse- oder ein Tierschutzhund sein? Welche Eigenschaften und Charakterzüge sind dir wichtig? Wie groß darf er aufgrund der Wohnsituation, des Kraftaufwandes beim Gassigehen usw. werden? Welche Veränderungen könnte es in deinem Leben in Zukunft geben, und wie würde da der Hund dann reinpassen? Und vieles andere mehr.

Das alles sind wichtige Fragen, die du dir sorgfältig durch den Kopf gehen lassen solltest. Aber auch hier kannst du natürlich deine Intuition nutzen, damit wirklich der passende Hund den Weg zu dir findet. Darum lade ich dich ein, die folgende Übung auszuprobieren.

ÜBUNG:
Mein Wunschhund

Stimme dich ein, und begib dich auf deine innere Wiese. Richte dich gedanklich darauf aus, in Kontakt mit dem für dich idealen Hund zu kommen, dich mit ihm zu verbinden. Ist er schon spürbar oder gar sichtbar? Beobachte, wie er sich dir auf deiner Wiese zeigt. Was braucht es noch, damit er in dein Leben treten kann? Überlege genau, welche Eigenschaften er haben soll und was dir besonders wichtig ist.
Visualisiere ihn dann so genau wie möglich. Stelle dir vor, wie es sich anfühlt, wenn ihr zusammen spielt oder spazieren geht. Male es dir genau so aus, wie du es gern haben möchtest. Du darfst dabei ruhig auch ein wenig übertreiben.
Eine andere Möglichkeit ist, dich mit offenem Geist einfach auf deine Wiese zu setzen und abzuwarten, welcher Hund sich zu dir gesellen möchte. Kommt dabei eine Botschaft für dich an? Welche Empfindungen nimmst du wahr? Gibt es noch etwas, was von deiner Seite aus getan werden sollte? Bemerkst du noch leise Bedenken? Nutze all deine intuitiven Sinne, um sämtliche wichtigen Botschaften zu empfangen.

Wenn du bereits verschiedene Hunde in der engeren Auswahl hast, dann kannst du energetisch wahrnehmen, wo die Unterschiede liegen und welches Tier das wirklich passende für dich ist. Sei dir dabei bewusst, dass der Hund, den ein Mensch braucht, nicht immer auch der einfachste und pflegeleichteste ist. Erinnere dich an das Resonanzprinzip: Du ziehst genau das in dein Leben, zu dem du in deinem Inneren in Resonanz gehst oder eine Verbindung hast. Sollte dein Hund also bestimmte Eigenarten oder Krankheiten entwickeln, zeigt er dir damit auf, in welchen Bereichen du an dir noch arbeiten darfst. Das Ziel ist dabei immer, an den Herausforderungen des Lebens zu wachsen und dich weiterzuentwickeln.

Ein gesunder Hund - und damit das auch so bleibt

Hast du einen putzmunteren, glücklichen und zufriedenen Hund an deiner Seite? Das ist ganz wunderbar, denn genau so soll es sein. Damit dieser Zustand möglichst lange anhält, kannst du die intuitive Energiearbeit effektiv nutzen.
Nimm dir immer wieder etwas Zeit, um dich auf geistiger Ebene mit deinem Hund zu verbinden. Dann schaue, ob ihr beide noch in eurer eigenen Kraft steht, ob neuerdings hinderliche Verbindungen aufgetaucht sind, ob sich ein körperliches Thema anbahnt oder ob sonst noch etwas Auffälliges zu erkennen ist.

Solltest irgendwelche Veränderungen anstehen, beispielsweise in der Familie, kannst du dich stets von Geist zu Geist verbinden und diese deinem Hund erklären, so, wie du sie auch einem kleinen Kind erklären würdest.

Was ist, wenn du verreist und dein Hund während dieser Zeit bei Verwandten oder Freunden untergebracht werden muss? Dann erkläre es ihm. Gesprochene Worte helfen dem Hund allerdings weniger, als wenn du ihm gedanklich konkrete Bilder schickst und positive Gefühle übermittelst. Sende ihm zum Beispiel ein Bild, wie du ihn abgibst, und gleich darauf ein anderes, wie du ihn wieder abholst, zusammen mit dem Gefühl der Freude und Liebe. Auf diese Art und Weise verstehen Hunde unsere Botschaften viel leichter.

Sollte eine Futterumstellung anstehen, dann nimm ihn doch mit ins Boot, indem du ihn auf geistiger Ebene fragst, was er denn braucht oder auch gern hätte.

Der Tierarztbesuch steht an? Dann erkläre deinem Hund vorab in gedanklichen Bildern, was vor sich gehen wird, damit er sich in Ruhe darauf einstellen kann.

Für das Zusammenleben ist es wichtig, dass du immer wieder einmal die Verbindungen zwischen deinem Hund und dir beziehungsweise den anderen Familienmitgliedern überprüfst. Dabei sind die Übergänge zwischen intuitiver Energiearbeit und klassischer Tierkommunikation fließend.
Nimm dir auch dann, wenn du gerade keine direkte Botschaft für deinen Hund hast, ab und zu ein wenig Zeit, und verlagere deine Aufmerksamkeit nach innen. Lasse es zu, dass er sich mit einem Anliegen bei dir melden kann. Hunde sind es oft nicht gewohnt, dass Menschen bewusst prüfen, ob ihre Tiere eine Botschaft für sie haben. Gib deinem Hund also ruhig des Öfteren die Möglichkeit, mit dir in Kontakt zu treten.

Schutz vor kleinen Plagegeistern

Hast du auch schon die Beobachtung gemacht, dass manche Hunde ständig von Zecken geplagt werden, andere aber nur ganz selten? Aus energetischer Sicht haben es Zecken und andere Parasiten schwer, einen gesunden Organismus zu befallen. Denn ein Tier, das in seiner Mitte ist und dem seine ganze Energie zur Verfügung steht, ist weniger angreifbar als eines, das energetisch gesehen im Ungleichgewicht ist. Die Energie im Inneren strahlt ins Außen und wirkt dort wie ein Schutzschild.

Wie du am Anfang des Buches erfahren hast, erlebte ich meinen ersten intuitiven Kontakt zu einem Tier, als ich meiner Hündin

Lucy eine Frage zum Zeckenschutz stellte. Ihre Antwort darauf war: »Ich brauche keine Zecken.« Erst einige Zeit später erkannte ich, was sie mir damit sagen wollte, nämlich dass sie zu jener Zeit auf energetischer Ebene so ausgeglichen war, dass sie wirklich keine Zecken brauchte, um auf ein Ungleichgewicht in ihrem Energiekörper hinzuweisen. Es bestand ja keines. Es lohnt sich also, genauer hinzuspüren, wenn dein Hund häufig mit Zecken nach Hause kommt.

Als mein Sohn einmal eine heftige Bronchitis bekam, brachte Lucy genau an den zwei Tagen, an denen es ihm richtig schlecht ging, insgesamt 16 Zecken vom Gassigehen mit nach Hause. So etwas hatte es weder davor schon einmal gegeben, noch passierte er danach noch einmal. Lucy hat mein Kind in dieser Zeit also mit ihrer Energie in dem Maße unterstützt, dass die Zecken ein leichtes Spiel bei ihr selbst hatten.

Wenn du auf chemische Zeckenmittel verzichten, deinen Hund aber dennoch vor diesen unangenehmen Tierchen schützen möchtest, dann probiere doch einmal die nächste Übung aus.

ÜBUNG: Eine Schutzhülle beim Gassigehen

Nimm dir, bevor du aus dem Haus gehst, einen Moment Zeit, und visualisiere um deinen Hund herum eine Energiehülle mit der Absicht, dass er zur Gänze unversehrt bleibt. Vielleicht erscheint dir diese Hülle eng anliegend am Hundekörper oder auch wie ein großer Ballon, in dem dein Hund bequem laufen kann. Beides ist völlig okay, vertraue da vollkommen deiner Wahrnehmung.

Lasse diese Hülle richtig stark aufleuchten, und visualisiere sie so verdichtet, dass kein Schädling sie durchdringen kann. Versuche auch während deines Spaziergangs mit dem Hund, die Energie zu halten. Dazu bedarf es sicherlich etwas Übung, aber es lohnt sich.

Dein Hund bringt trotzdem noch viele Zecken mit? Kann es dann vielleicht sein, dass du dir oft Sorgen um ihn machst? Hast du eventuell regelrecht Angst davor, dass er Zecken mit nach Hause bringt, weil sie verschiedene Krankheiten übertragen können? Sei dir im Klaren darüber, dass die Energie immer der Aufmerksamkeit folgt. Je öfter du darauf fokussiert bist, was infolgedessen alles Schreckliches passieren könnte, desto mehr Energie gibst du der Zeckenproblematik, und umso eher finden die Zecken ihren Weg zu deinem Hund.
Konzentriere dich also auf das Positive. Kommt dein Hund beispielsweise von einer Gassirunde zeckenfrei zurück, freue dich ganz bewusst darüber. Erzähle es jemandem, oder schreibe es in deinen Kalender. Dadurch richtest du die Aufmerksamkeit und folglich die Energie automatisch auf die Zeckenfreiheit.
In diesem Zusammenhang ist es von Vorteil, wenn du deine Wünsche immer positiv, also ohne Verneinung, formulierst. »Mein Hund bleibt gesund und unversehrt« hat deutlich mehr Kraft als. »Mein Hund bekommt keine Zecken.« Achte demzufolge auf deine Gedanken, und versuche, auch in dieser Beziehung möglichst optimistisch zu sein.

Falls das alles noch nicht den gewünschten Erfolg gebracht haben sollte, kannst du die intuitive Energiearbeit auch direkt mit den Zecken machen.

ÜBUNG: Energetische Zeckenabwehr

Stimme dich ein, und begib dich auf deine innere Wiese. Bitte sowohl deinen Hund als auch die Zecken hinzu. Jetzt nimm zunächst einmal wahr, wie sich dir die Ausgangssituation darstellt. Was macht dein Hund? Wie geht es ihm? Was machen die Zecken? Achte auch auf deine aufkommenden Gefühle.
Dann frage dich, was sich ändern darf. Welche Energien, Aspekte oder auch Dinge werden in dieser Situation nicht mehr benötigt? Das kann sowohl deinen Hund, die Zecken als auch dich selbst betreffen. Bitte darum, dass sich jetzt alles zum Wohl aller Beteiligten löst.
Gib nun jene Energien hinzu, die deinem Hund helfen, dass er den Sommer über möglichst gesund und zeckenfrei bleiben kann. Schaue, was die Zecken benötigen, um deinen Hund zu verschonen. Spüre auch bei dir selbst nach, was dich unterstützen könnte. Brauchst du Zuversicht oder Vertrauen? Bitte darum, dass dir diese Energien zugeführt werden.
Bedanke dich zum Abschluss bei allen Beteiligten – auch bei den Zecken! –, und entlasse sie wieder von deiner Wiese.

HINWEIS: Da Zecken Krankheiten übertragen können, besprich das Thema grundsätzlich vorab mit deinem Tierarzt!

Achtsamkeit beim Menschen

Wir alle sind mit unterschiedlichen Ängsten, Glaubenssätzen und Verhaltensmustern aufgewachsen, du also auch. Zu einer bestimmten Zeit in deinem Leben waren diese hilfreich und förderlich. Allerdings sind dir nicht mehr alle davon heute noch dienlich. Wenn ein Glaubenssatz überholt ist, weil du dich weiterentwickelt hast und ihn jetzt nicht mehr benötigst, wirst du vermutlich von Menschen und auch Tieren in deinem Umfeld ganz unbewusst darauf hingewiesen, dass es an der Zeit ist, darüber nachzudenken, ihn endgültig loszulassen. Das kann die nervige Kollegin auf Arbeit sein, dein Partner, an dem dich etwas unheimlich stört, oder eben dein Hund, der sich plötzlich seltsam benimmt. Sie alle lösen etwas in dir aus.
Das bedeutet, dass der Zeitpunkt gekommen ist, etwas genauer hinzuschauen, was dich denn da so triggert, und dann letztlich die Ursache dahinter zu beseitigen. Denn das Problem würde sich dir nicht zeigen, wenn es nicht genau jetzt reif wäre, endlich gelöst zu werden.

Auch in diesem Zusammenhang möchte ich dir die intuitive Energiearbeit als effektive Methode ans Herz legen. Diese funktioniert beim Menschen ganz ähnlich, wie du es bereits hinsichtlich deines Hundes gelernt hast. Wenn du dich also gern weiter mit diesem Thema beschäftigen möchtest, empfehle ich dir mein Buch »Entdecke deine intuitive Energie – Erfahre Klarheit und Führung in deinem Leben«. Darin findest du zahlreiche praxiserprobte Übungen, die dich bei deiner persönlichen Entwicklung tatkräftig unterstützen können. Selbstverständlich ist es immer ratsam, dir bei ganz bestimmten Themen professionelle Unterstützung durch einen kompetenten Heiler oder Therapeuten zu holen.

Wenn du dich also gerade in einer schwierigen Lebenssituation befindest, dann schaue nicht, was die anderen verändern sollten, sondern habe den Mut, dich ganz ehrlich zu fragen, was das Ganze mit dir persönlich zu tun hat. Denn sobald du etwas in deinem Inneren veränderst, verändert sich auch etwas im Außen, in deinem Umfeld. Dann ist es nicht mehr notwendig, dass dir dein Gegenüber etwas aufzeigt, und dessen Verhalten wird sich in absehbarer Zeit wie von allein wandeln. Es kann aber auch sein, dass du diejenige Person gar nicht mehr als störend wahrnimmst, da sie dich einfach nicht mehr triggert, weil du keine Resonanz mehr dafür in dir trägst.

Special: Heilende Lichtkugeln

Wenn du an dieser Stelle im Buch angelangt bist, hast du schon richtig intensiv mit deinen intuitiven Sinnen gearbeitet. Nun stelle ich dir eine weitere Methode vor, auf die Hunde im Allgemeinen sehr gut ansprechen. Damit kannst du ihnen in jeder Situation Energie schicken, und zwar in Form von heilenden Lichtkugeln. Übrigens funktioniert das auch ganz wunderbar über kleinere und größere Entfernungen hinweg.

Lege als Vorbereitung auf die folgende Übung zunächst einmal deine Handflächen aneinander, und halte sie dann im Abstand von 2 bis 3 cm parallel zueinander. Schließe dabei deine Augen, und spüre in den kleinen Raum zwischen deinen Handflächen hinein. Vergrößere und verkleinere nun diesen Abstand ganz bewusst. Nimmst du einen Unterschied wahr? Oder bemerkst du einen leichten Druck, Wärme, Kühle oder ein zartes Kribbeln? Du spürst hier gerade dein eigenes Energiefeld. Am besten kannst du die Energie zwischen deinen Händen erkennen, wenn du deine Handflächen im Abstand von ca. 1 cm hältst und sie dabei auf und ab bewegst. Nimm eine ganz lockere und spielerische innere Haltung ein, und mache dir nichts daraus, wenn es nicht auf Anhieb klappen sollte. Dann versuche es einfach in wirklich ruhiger und entspannter Atmosphäre später noch einmal.

ÜBUNG: Lichtkugeln schicken

Stimme dich zunächst auf die Energiearbeit ein. Dann verbinde dich über dein Kronenchakra mit der kosmischen, universellen, göttlichen Energie, und bitte darum, dass diese Energie nun durch dich fließt.

Forme mit deinen Händen Halbschalen, und positioniere diese so, als würdest du eine nicht allzu große Kugel festhalten. Während du deine Hände dann etwas voneinander entfernst und wieder aufeinander zu bewegst, kannst du zunächst die Energie dazwischen wahrnehmen. Probiere dies ruhig eine Weile aus, bis du den Eindruck hast, dass du es gut wahrnehmen kannst, sobald die Energie dichter wird, wenn du deine Hände näher aufeinander zu bewegst. Vielleicht fühlt es sich an, als würdest du deine Kugel sogar etwas zusammendrücken können.

Konzentriere dich nun mit Absicht und Wille darauf, dass aus deinen Händen Energie in diese Kugel fließt, die dadurch immer kräftiger zu leuchten beginnt. Nimmst du vielleicht sogar ein deutliches Pulsieren wahr?

Bitte nun darum, dass die Kugel genau die Farbe annimmt, die deinem Hund jetzt guttut. Jede Farbe hat ihre eigene Schwingung beziehungsweise Frequenz, sodass unterschiedliche Farben auch durchaus unterschiedliche Wirkungen haben. Solltest du dir nicht sicher sein, dann gib der Kugel die Farbe Weiß. Weiß beinhaltet das gesamte Farbspektrum, und so kann dein Hund genau die Frequenz daraus annehmen, die er im Moment am meisten benötigt. Dann lasse die Kugel einfach los, und schicke sie direkt zu deinem Hund.

Mit dieser Übung kannst du rein gar nichts falsch machen, denn der Hund wird die Energie gern annehmen, wenn er sie tatsächlich braucht, und sonst eben nicht.
Manchmal verspüren wir das dringende Bedürfnis, unserem Tier etwas Gutes zu tun, und da sind Energiekugeln genau das Richtige und überaus wohltuend. Hunde nehmen diese deutlich wahr. Das kannst du daran erkennen, dass sie aufstehen oder unruhig werden. Manchmal schlafen sie auch ein, obwohl sie kurz zuvor noch sehr angespannt waren.

Special: Die Körperintelligenz befragen

Im Alltag mit unserem Hund befinden wir uns häufig in Situationen, in denen wir zwischen zwei oder mehreren Möglichkeiten wählen müssen. Bist du zum Beispiel unschlüssig, ob du deinen Hund mit auf einen Ausflug nehmen sollst oder er zu Hause besser aufgehoben ist? Oder hast du die Wahl zwischen mehreren Futtersorten und weißt nicht, welche die beste für deinen Hund ist? Meist hilft uns die Intuition oder der Verstand dabei, eine Entscheidung zu treffen, aber manchmal bleibt eine gewisse Unsicherheit bestehen. Genau in derartigen Situationen kann dich die folgende Übung aus der Kinesiologie unterstützen. Hierbei bekommst du die Antworten nicht von deinem Verstand, sondern lässt über deine Muskulatur deine Körperintelligenz zu dir sprechen.

ÜBUNG:
Das Körperpendel

Notiere dir zunächst einmal die unterschiedlichen Möglichkeiten, zwischen denen du dich entscheiden willst, auf jeweils identischen Zetteln. Falte diese dann so zusammen, dass alle gleich aussehen und du nicht erkennen kannst, was auf welchem Zettel geschrieben steht. Dann mische die Zettel, und stelle dich am besten ohne Schuhe aufrecht hin. Deine Füße sollten etwa hüftbreit auseinander stehen. Schließe deine Augen, und spüre deinen festen Stand auf dem Boden.

Denke oder sage nun: »Ja«, und fühle, wie dein Körper darauf reagiert. Er kippt dabei nämlich ganz von allein, ohne dein Zutun, ein wenig nach vorn. Probiere es noch einmal mit dem Satz aus: »Mein Name ist ... (deine Name)«. Wieder sollte dein Körper den unmittelbaren Drang verspüren, nach vorn zu pendeln.

Versuche dasselbe mit einem Nein. Spüre einen Moment hinein, und nimm wahr, wie du dabei ein wenig nach hinten kippst. Dann denke oder sage: »Mein Name ist ...«, nenne aber dieses Mal bewusst einen falschen Namen. Nimm wahr, wie du wiederum nach hinten pendelst.

Sollte das bei dir nicht sofort funktionieren, was durchaus vorkommen kann, wenn du zum Beispiel gestresst bist, trinke einen Schluck Wasser, und probiere es in entspannter Atmosphäre später noch einmal aus.

Richte dich nun innerlich darauf aus, die beste aller Möglichkeiten für diese spezielle Situation zu finden. Nimm nacheinander jeden Zettel in die linke Hand, denn sie ist

deine Herzhand und mit deinem Unterbewusstsein verbunden, und frage: »Ist das die beste Möglichkeit (Entscheidung, Wahl ...)?« Unmittelbar darauf wird dir dein Körper auch schon die Antwort geben.
Wenn du alle Zettel durchgetestet hast, kannst du prüfen, ob es noch eine bessere Alternative als die auf den Zetteln gibt. Pendelst du daraufhin nach vorn, überlege, wie diese aussehen könnte, und teste gegebenenfalls noch einmal nach. Sollte es keine bessere Alternative geben, öffne und lies den Zettel, bei dem dir dein Körper ein Ja signalisiert hat.
Wenn du mit dieser Methode erfahren bist, kannst du die Zettel auch weglassen und nur in Gedanken oder laut deine Fragen zu einer bestimmten Situation stellen.

Ein Trainingstipp zum Abschluss

Diese letzte Übung ist immer dann sehr nützlich, wenn dir dein Hund in bestimmten Situationen nicht gehorcht. Das kann beispielsweise sein, wenn euch beim Spazierengehen andere Tiere entgegenkommen und dein Hund auf sie zu freudig, zu ängstlich oder zu aggressiv reagiert. Es kann aber auch dann vorkommen, wenn ihr gerade zusammen auf dem Hundeplatz seid, um zu trainieren, dein Hund aber von den vielen interessanten Dingen um ihn herum abgelenkt ist, seine Nase auf dem Boden klebt und er absolut kein Ohr mehr für dich hat.

ÜBUNG: Eure gemeinsame Energiehülle

Stelle dir in einer solchen Situation oder, wenn du weißt, dass sie auf dich zukommen könnte, schon vorher einen Kokon vor, der euch beide umhüllt. Er besteht aus reiner Energie und erstrahlt im hellsten Licht.
Sei dir sicher, dass dieser Kokon deinen Hund dazu bringt, mit seiner Aufmerksamkeit ganz bei dir zu bleiben. Ihr zwei bildet eine Einheit. Keine Ablenkungen von außen können diese Hülle durchdringen, weder in Form von Gerüchen noch von fremden Energien anderer Hunde oder Menschen.

Am besten ist es, wenn du das ein paarmal vorher ausprobierst, sozusagen als Trockenübung. Das gibt dir die nötige Sicherheit, sodass du die Energiehülle in Stresssituationen problemlos und selbstverständlich erschaffen kannst.

Nachwort

Es ist an der Zeit, das Zusammenleben von Mensch und Tier auf eine neue Ebene zu führen, die von Respekt und Achtung jedem einzelnen Wesen gegenüber geprägt ist. Wichtig auf diesem Weg ist die Erkenntnis, dass du in der Lage bist, auf geistiger Ebene mit deinem Hund in Kontakt zu kommen. Denn ihr beide seid geistige Wesen. Du hast erfahren dürfen, wie menschliches und tierisches Verhalten zusammenhängen und dass sich auftretende Probleme liebevoll zu euer beider Wohl wandeln lassen. Das ist unglaublich bereichernd für eure Bindung und stärkt das Verständnis füreinander.

Mein größter Wunsch ist es, dass immer mehr Menschen und Hunde sich in ihren jeweiligen Bedürfnissen erkennen, um mit Leichtigkeit und Freude ihr harmonisches, friedliches und respektvolles Miteinander genießen zu können. Die intuitive Energiearbeit bringt uns alle diesem Ziel einen großen Schritt näher.

Literaturhinweise

Christiane Beerlandt: Der Schlüssel zur Selbstbefreiung: Enzyklopädie der Psychosomatik – Psychologischer Kernursprung und Kernlösung von 1300 Erkrankungen und anderen … Ursprung von 1100 Erkrankungen, Beerlandt Publications BVBA Verlag 2013

Jaques Martel: Mein Körper – Barometer der Seele: Das psychosomatische Lexikon, das schon beim Lesen hilft. Aktualisierte und stark erweiterte Neuausgabe, VAK Verlag 2016

Louise Hay: Heile deinen Körper: Seelisch-geistige Gründe für körperliche Krankheit, Lüchow Verlag 2017

Rüdiger Dahlke: Krankheit als Symbol: Ein Handbuch der Psychosomatik. Symptome, Be-Deutung, Einlösung, C. Bertelsmann Verlag 1996

Susanne Steidl, Susanne Schreiter: Entdecke deine intuitive Energie: Erfahre Klarheit und Führung in deinem Leben – Ein Praxisbuch, Schirner Verlag 2019

Über die Autorin

Susanne Schreiter arbeitet als Humanenergetikerin und Bewusstseinscoachin in eigener Praxis. Sie bietet Einzelberatungen, Seminare und Ausbildungen an. Seit ihrer Kindheit sind Hunde ein Teil ihres Lebens. Sie haben sie inspiriert, auch mit ihnen energetisch zu arbeiten.

www.praxisschreiter.de

Bildnachweis

Bilder von der Bilddatenbank www.shutterstock.com:

S. 1–128: Hund mit Leine # 120844666 (© Maria Bell), Pfotenabdrücke # 572361205 (© Brovko Serhii), Pinselstrich # 138527972 (© faitotoro), Herz aus Pfotenabdrücken # 67102393 (© Mary_Vein)

S. 10: # 196930781 (© Christin Lola), S. 13: # 370730354 (© Michael Roeder), S. 22: # 1075631546 (© Chinnapong), S. 24: # 175204865 (© Tomsickova Tatyana), S. 27: # 1335643751 (© sun ok), S. 30: # 144484726 (© Dimedrol68), S. 34: # 115448416 (© Dmytro Balkhovitin), S. 37: # 1736350517 (© Svetlana Shishova), S. 41: # 280491962 (© Annette Shaff), S. 44: # 346275383 (© Jaromir Chalabala), S. 48: # 148872464 (© Jaromir Chalabala), S. 50: # 1163006872 (© MillaLampinen), S. 52: # 172940522 (© uhercikova), S. 58: # 504980047 (© asia.marangio), S. 63: # 477327622 (© Eliska Sestakova), S. 68: # 1082615228 (© Fabrizio Misson), S. 72: # 1040307988 (© Benevolente82), S. 75: # 448660198 (© Agnes Kantaruk), S. 81: # 720499435 (© Salejandro), S. 84: # 229205623 (© Hitdelight), S. 91: # 535784173 (© Africa Studio), S. 95: # 519978535 (© Pavel Ilyukhin), S. 99: #423355195 (© Cristina Conti), S. 100: # 159441002 (© Vasilev Evgenii), S. 104: # 751382344 (© Irina Kozorog), S. 109: # 647159467 (© SeaRick1), S. 112: # 1622703847 (© Lichtflut), S. 116: # 1667524120 (© Yuttana Jaowattana), S. 122: # 324424046 (© Gajus), S. 124: # 1499792870 (© dezy)

Bilder auf S. 9, 86, 127: © Blickwinkel Burgard (Fotografin: Celine Boos), www.blickwinkel-burgard.de